ICOLD INCIDENT DATABASE BULLETIN 99 UPDATE

STATISTICAL ANALYSIS OF DAM FAILURES

In all hazardous industries, incident analysis is an important tool to improve safety. Understanding the causes of incidents makes it possible to change what was identified as a weakness, either in the design, the construction or the operation of any industrial plant. Dams obey the same rules, and it is the reason why ICOLD has always been involved in dam incidents collection and analysis.

Since 2005 the Committee on Dam Safety has been collecting additional information on dam incidents and considered that it was time to update this last publication (Bulletin 99) which listed the cases of failures up to 1991. It was therefore up to ICOLD, and to its Committee on Dam Safety, to carry out this survey and analysis with the objective of meeting the needs of the dam professionals.

For this update other important attributes have been added, such as the context of failures (normal operation, flood, earthquakes, etc.), the failure mode, and the failure causes. Current concepts allow us to better define these notions and have been used to qualify these parameters.

I0131878

1

ICOLD INCIDENT DATABASE BULLETIN 99 UPDATE

STATISTICAL ANALYSIS OF DAM FAILURES

B 188

INTERNATIONAL COMMISSION ON LARGE DAMS
COMMISSION INTERNATIONALE DES GRANDS BARRAGES
6 Quai Watier – 78400 Chatou (France)
http://www.icold-cigb.org

Cover illustration: P.A. Zielinski (personal)

CRC Press/Balkema is an imprint of the Taylor & Francis Group, an informa business

Typeset by CodeMantra

Published by CRC Press/Balkema
4 Park Square, Milton Park, Abingdon, Oxon, OX14 4RN
and by CRC Press/Balkema
2385 NW Executive Center Drive, Suite 320, Boca Raton FL 33431

NOTICE – DISCLAIMER:

The information, analyses and conclusions in this document have no legal force and must not be considered as substituting for legally-enforceable official regulations. They are intended for the use of experienced professionals who are alone equipped to judge their pertinence and applicability.

This document has been drafted with the greatest care but, in view of the pace of change in science and technology, we cannot guarantee that it covers all aspects of the topics discussed.

We decline all responsibility whatsoever for how the information herein is interpreted and used and will accept no liability for any loss or damage arising therefrom.

Do not read on unless you accept this disclaimer without reservation.

For Product Safety Concerns and Information please contact our EU representative GPSR@ taylorandfrancis.com. Taylor & Francis Verlag GmbH, Kaufingerstraße 24, 80331 München, Germany.

Original text in English
Translation by CFBR (France)
Layout by Nathalie Schauner

ISBN: 978-1-041-14384-0 (pbk)
ISBN: 978-1-003-68411-4 (ebk)

ICOLD COMMITTEE ON DAM SAFETY

Chairman:

CANADA	P.A. ZIELINSKI

Members:

ALBANIA	A. JOVANI
ARGENTINA	F. GIULIANI
AUSTRALIA	S. MCGRATH
AUSTRIA	E. NETZER
BRAZIL	C. H. DE A.C. MEDEIROS
BULGARIA	D. KISLIAKOV
CANADA	D. N. D. HARTFORD
CHILE	C. PRISCU
CHINA	Z. XU
CZECH REPUBLIC	J. HODAK
EGYPT	K. KTOUBAR
ETHIOPA	F.Z. SHIFERAW
FINLAND	E. ISOMAKI
FRANCE	M. POUPART
GERMANY	R. POHL
IRAN	A. SOROUSH
ITALY	F. FORNARI
JAPAN	H. KOTSUBO
KOREA	D.H. SHIN
LATVIA	D. KREISMANE
NETHERLANDS	J. P. F. M. JANSSEN
NORWAY	G. HOLM MIDTTØMME
PAKISTAN	A. SALIM SHEIK
PORTUGAL	L. CALDEIRA
ROMANIA	A. ABDULAMIT
RUSSIA	E. N. BELLENDIR
SERBIA	I. TUCOVIC
SLOVAKIA	P. PANENKA
SLOVENIA	N. HUMAR
SOUTH AFRICA	I. SEGERS
SPAIN	I. ESCUDER
SWEDEN	M. BARTSCH
SWITZERLAND	M. BALISSAT
TÜRKIYE	T. DINÇERGÖK

CONTENTS

TABLE OF CONTENTS

FIGURES AND TABLES

FIGURES

TABLES

FOREWORD

In all hazardous industries, incident analysis is an important tool to improve safety. Understanding the causes of incidents makes it possible to change what was identified as a weakness, either in the design, the construction or the operation of any industrial plant. Dams obey to the same rules, and it is the reason why ICOLD has always been involved in dam incidents collection and analysis. ICOLD has on three occasions investigated worldwide surveys to collect the largest amount of information on dam incidents. The 1970's saw the completion of "Lessons from Dams Accidents" (1974), the 1980's produced "Deterioration of Dams and reservoirs" (1984), and in 1995 Bulletin 99 on "Dam failures statistical analysis" was issued.

Why this bulletin?

Since 2005 the Committee on Dam Safety has been collecting additional information on dam incidents and considered that it was time to update this last publication (Bulletin 99) which listed the cases of failures up to 1991. The Committee's position is that it is the responsibility of an international professional organization such as ICOLD to maintain such an inventory and provide the international dam engineering community with important information allowing to draw lessons aimed at improving the safety of dams. Information on dam failures is available in publications and on websites, but this information is often incomplete and biased. In addition, no comprehensive analysis has been carried out in order to draw conclusions that can help in improving safety of dams. It was therefore up to ICOLD, and to its Committee on Dam Safety, to carry out this survey and analysis with the objective of meeting the needs of the dam professionals.

Bulletin 99 presented mainly statistical analysis based on the sizes of dams, their types and temporal aspects such as year of construction, age at failure, etc. For this update other important attributes have been added, such as the context of failures (normal operation, flood, earthquakes, etc.), the failure mode, and the failure causes. Although Bulletin 99 presented an analysis of the failure causes, in the 1990's there was still a lack of complete clarity about the understanding and interpretation of differences between failure modes and failure causes.

Przemyslaw A. Zielinski
Chairman, Committee on Dam Safety

ACKNOWLEDGMENTS

The Committee on Dam Safety and the ICOLD Executive gratefully acknowledge the contribution of members of the Committee's Working Group and the support provided by their sponsoring organizations. The final text of the Bulletin is the result of the collective effort of the entire CODS which continued providing general guidance and valuable input during the period of 2013 to 2019.

The task of writing the drafts and preparing the final text was carried out by:

1. Maria Bartsch, Sweden

2. Grethe Holm Midttømme, Norway

3. Ignacio Escuder, Yonay Concepción Guodemar, Spain

4. Hans Janssen, Stefan van den Berg, Netherlands,

5. Louis Hattingh, South Africa

6. Andy Hughes, United Kingdom

7. Frédéric Laugier, France

8. Elmar Netzer, Austria

9. Michel Poupart, France (lead)

10. Bob Wark, Australia,

It needs to be stressed that the effort provided by the members of the Working Group was extensive and its work was instrumental for completion of the task. Working Group members had a substantial knowledge and experience with regard to dam safety issues. This breadth of perspective on regulatory, organizational, managerial and engineering aspects of dam safety management can hopefully provide the readers of this Bulletin with the help in drawing lessons from these failure cases and encouraging to further expand the analyses for specific purposes.

Przemyslaw A. Zielinski
Chairman, Committee on Dam Safety

BASE DE DONNÉES DES INCIDENTS DE LA CIGB MISE À JOUR DU BULLETIN 99

ANALYSE STATISTIQUE DES RUPTURES DE BARRAGES

Dans toutes les industries à risques, l'analyse des incidents est un outil important pour améliorer la sécurité. Comprendre les causes des incidents permet de modifier ce qui a été identifié comme une faiblesse, que ce soit dans la conception, la construction ou l'exploitation de toute installation industrielle. Les barrages obéissent aux mêmes règles, et c'est la raison pour laquelle la CIGB a toujours été active pour la collecte et l'analyse des incidents de barrage.

Depuis 2005, le Comité pour la sécurité des barrages a collecté des informations supplémentaires sur les incidents de barrages et a estimé qu'il était temps de mettre à jour cette dernière publication qui répertoriait les cas de ruptures jusqu'en 1991. Il revenait donc à la CIGB, et à son Comité sur la sécurité des barrages, de réaliser cette enquête et cette analyse dans le but de répondre aux besoins des professionnels des barrages.

Pour cette mise à jour, d'autres attributs importants ont été ajoutés, tels que le contexte des ruptures (fonctionnement normal, inondation, séismes, etc.), le mode de défaillance et les causes de la rupture. Les concepts actuels permettent de mieux définir ces notions et ont été utilisées pour qualifier ces paramètres.

BASE DE DONNÉES DES INCIDENTS DE LA CIGB MISE À JOUR DU BULLETIN 99

ANALYSE STATISTIQUE DES RUPTURES DE BARRAGES

B 188

INTERNATIONAL COMMISSION ON LARGE DAMS
COMMISSION INTERNATIONALE DES GRANDS BARRAGES
6 Quai Watier – 78400 Chatou (France)
http://www.icold-cigb.org

Couverture: P.A. Zielinski (personnelle)

CRC Press/Balkema is an imprint of the Taylor & Francis Group, an informa business

© 2026 ICOLD/CIGB, Paris, France

Typeset by CodeMantra

Published by CRC Press/Balkema
4 Park Square, Milton Park, Abingdon, Oxon, OX14 4RN
and by CRC Press/Balkema
2385 NW Executive Center Drive, Suite 320, Boca Raton FL 33431

AVERTISSEMENT – EXONÉRATION DE RESPONSABILITÉ :

Les informations, analyses et conclusions contenues dans cet ouvrage n'ont pas force de Loi et ne doivent pas être considérées comme un substitut aux réglementations officielles imposées par la Loi. Elles sont uniquement destinées à un public de Professionnels Avertis, seuls aptes à en apprécier et à en déterminer la valeur et la portée.

Malgré tout le soin apporté à la rédaction de cet ouvrage, compte tenu de l'évolution des techniques et de la science, nous ne pouvons en garantir l'exhaustivité.

Nous déclinons expressément toute responsabilité quant à l'interprétation et l'application éventuelles (y compris les dommages éventuels en résultant ou liés) du contenu de cet ouvrage.

En poursuivant la lecture de cet ouvrage, vous acceptez de façon expresse cette condition.

Texte original en anglaise
Traduction par la CFBR (France)
Mise en page par Nathalie Schauner

ISBN: 978-1-041-14384-0 (pbk)
ISBN: 978-1-003-68411-4 (ebk)

COMITÉ CIGB SUR LA SÉCURITÉ DES BARRAGES

Président:

CANADA	P.A. ZIELINSKI

Membres:

ALBANIE	A. JOVANI
ARGENTINE	F. GIULIANI
AUSTRALIE	S. MCGRATH
AUSTRICHE	E. NETZER
BRÉSIL	C. H. DE A.C. MEDEIROS
BULGARIE	D. KISLIAKOV
CANADA	D. N. D. HARTFORD
CHILI	C. PRISCU
CHINA	Z. XU
RÉPUBLIQUE TCHÈQUE	J. HODAK
ÉGYPTE	K. KTOUBAR
ÉTHIOPIE	F.Z. SHIFERAW
FINLANDE	E. ISOMAKI
FRANCE	M. POUPART
ALLEMAGNE	R. POHL
IRAN	A. SOROUSH
ITALIE	F. FORNARI
JAPON	H. KOTSUBO
CORÉE	D.H. SHIN
LETTONIE	D. KREISMANE
PAYS-BAS	J. P. F. M. JANSSEN
NORVÈGE	G. HOLM MIDTTØMME
PAKISTAN	A. SALIM SHEIK
PORTUGAL	L. CALDEIRA
ROUMANIE	A. ABDULAMIT
RUSSIE	E. N. BELLENDIR
SERBIE	I. TUCOVIC
SLOVAKIE	P. PANENKA
SLOVENIE	N. HUMAR
AFRIQUE DU SUD	I. SEGERS
ESPAGNE	I. ESCUDER
SUÈDE	M. BARTSCH
SUISSE	M. BALISSAT
TURQUIE	T. DINÇERGÖK

ROYAUME-UNI	A. HUGHES
ÉTATS-UNIS	B. BECKER

Membres cooptés :

AUSTRALIE	J. PISANIELLO
CANADA	D.N.D. HARTFORD
ÉTHIOPIE	M. ABEBE
JAPON	S. UEDA
AFRIQUE DU SUD	L. HATTINGH
AFRIQUE DU SUD	P. ROBERTS
ÉTATS-UNIS	R. CHARLWOOD

SOMMAIRE

TABLE DES MATIÈRES

FIGURES AND TABLEAUX

FIGURES

TABLEAUX

AVANT-PROPOS

Dans toutes les industries à risques, l'analyse des incidents est un outil important pour améliorer la sécurité. Comprendre les causes des incidents permet de modifier ce qui a été identifié comme une faiblesse, que ce soit dans la conception, la construction ou l'exploitation de toute installation industrielle. Les barrages obéissent aux mêmes règles, et c'est la raison pour laquelle la CIGB a toujours été active pour la collecte et l'analyse des incidents de barrage. À trois reprises, la CIGB a mené des enquêtes à l'échelle mondiale pour rassembler la plus grande quantité d'informations sur les incidents de barrages. Les années 1970 ont vu l'achèvement du document "Lessons from Dams Accidents" (1974), les années 1980 celui de "Deterioration of Dams and Reservoirs" (1984) et le Bulletin 99 sur "Dam failures statistical analysis" a été publié en 1995.

Pourquoi ce bulletin ?

Depuis 2005, le Comité pour la sécurité des barrages a collecté des informations supplémentaires sur les incidents de barrages et a estimé qu'il était temps de mettre à jour cette dernière publication (Bulletin 99) qui répertoriait les cas de ruptures jusqu'en 1991. La position du Comité est qu'il est de la responsabilité d'une organisation professionnelle internationale telle que la CIGB de maintenir un tel inventaire et de fournir à la communauté internationale des ingénieurs des barrages des informations importantes permettant de tirer des leçons visant à améliorer la sûreté. Des informations sur les ruptures de barrages sont disponibles dans des publications et sur des sites web, mais ces informations sont souvent incomplètes et biaisées. En outre, aucune analyse exhaustive n'a été réalisée afin de tirer des conclusions susceptibles de contribuer à l'amélioration de la sûreté des barrages. Il revenait donc à la CIGB, et à son Comité sur la sécurité des barrages, de réaliser cette enquête et cette analyse dans le but de répondre aux besoins des professionnels des barrages.

Le Bulletin 99 présentait principalement une analyse statistique basée sur la dimension des barrages, leurs types et les aspects temporels tels que l'année de construction, l'âge au moment de la rupture, etc. Pour cette mise à jour, d'autres attributs importants ont été ajoutés, tels que le contexte des ruptures (fonctionnement normal, inondation, séismes, etc.), le mode de défaillance et les causes de la rupture. Le bulletin 99 présentait une analyse des causes des ruptures, mais dans le contexte de l'époque il y a souvent confusion entre les causes et les modes de rupture. Les concepts actuels permettent de mieux définir ces notions et ont été utilisées pour qualifier ces paramètres.

Przemyslaw A. Zielinski
Président du Comité de la sécurité des barrages

REMERCIEMENTS

Le Comité pour la sécurité des barrages et le Comité exécutif de la CIGB remercient pour leur contribution les membres du groupe de travail du Comité et les organisations qui les parrainent. Le texte final du Bulletin est le résultat de l'effort collectif de l'ensemble du CODS qui a continué à fournir des orientations générales et des contributions précieuses pendant la période de 2013 à 2019.

L'élaboration des versions préliminaires et la préparation du texte final ont été effectuées par :

1. Maria Bartsch, Suède

2. Grethe Holm Midttømme, Norvège

3. Ignacio Escuder, Yonay Concepción Guodemar, Espagne

4. Hans Janssen, Stefan van den Berg, Pays-Bas,

5. Louis Hattingh, Afrique du Sud

6. Andy Hughes, Royaume-Uni

7. Frédéric Laugier, France

8. Elmar Netzer, Autriche

9. Michel Poupart, France (animateur)

10. Bob Wark, Australie.

Il convient de souligner que les membres du groupe de travail ont fourni un effort considérable et que leur travail a été déterminant pour l'achèvement de ce bulletin. Les membres du groupe de travail avaient une connaissance et une expérience substantielles des questions de sécurité des barrages. Ce large éventail de perspectives sur les aspects réglementaires, organisationnels, managériaux et techniques de la gestion de la sécurité des barrages peut, nous l'espérons, aider les lecteurs de ce Bulletin à tirer des leçons de ces cas de ruptures et les encourager à approfondir les analyses à des fins spécifiques.

Przemyslaw A. Zielinski
Président du Comité de la sécurité des barrages

1. CONTENT OF THE BULLETIN

This bulletin includes:

- The sources of the failure cases and comments about the data base used for the analyses;

- Overview on the failure records for each dam including dam characteristics and failure description;

- Statistical analyses:

  - Basic statistics on the failures' repartition over geography and over time, influence of construction year, age at failure, type of dam, height and reservoir volume. Comparisons with existing dams are also presented. This part of the bulletin constitutes an update of Bulletin 99;

  - Statistics concerning the failure contexts, the failure modes and the possible causes. These analyses are new and deserves attention, as they bring valuable information about the failures.

- A table of all the failure cases.

1.1. FAILURE DEFINITION

To characterise a dam incident as a failure the following definition has been retained.

A failure is a catastrophic incident characterised by:

- an uncontrolled release of impounded water;

- and/or by a total loss of integrity of the dam structure, its foundation or abutments.

By adding "total loss of integrity" to the definition of failure, cases such as the Van Norman dam sliding in the upstream direction during the San Fernando earthquake, although with no resulting uncontrolled release of water, is retained as a failure, which makes sense. "Total loss of integrity" may sometimes lead to subjective interpretation and the working group has collectively done its best effort to sort the incidents according to this definition.

Only failures of "large" dams were retained, according to the definition given in the ICOLD World Register of Dams (WRD) i.e. the dam is H > 15 m above its foundation or H > 5 m AND V > 3.106 m3. However, some smaller dams have been included in the database when useful lessons could be drawn from their failures.

Each failure case is related to a failure event (and not to a dam). It means that several cases may concern the same dam if several failures occurred (provided that the dam has been repaired or rebuilt between the failure cases). These different cases are indicated by "(A), (B)", etc. after the dam name in the table in Appendix 1.

Accidents related to safety appurtenant works (spillways, gates, bottom outlets) and failures of tailing dams (built with mine tailings) have not been included in this bulletin.

1.2. SOURCES OF THE DATA

The analyses presented in this bulletin are based on 1) existing data on incident cases available in ICOLD bulletins 2) existing data in other ICOLD publications and from institutional bodies (National committees, governmental agencies,...), 3) new cases identified and documented by the working group.

1.2.1. Existing ICOLD documentation

The ICOLD publications dedicated to dam incidents and used for this bulletin are:

- **Lessons from Dam Incidents** (1974): 266 cases of "large dam" incidents (before 1-1-1966) are listed, among which about 90 cases are failures; each case is documented, in English and in French, with a short description of the dam characteristics, the condition of the failure, the consequences, and any remedial measures. Some cases are more thoroughly investigated (MALPASSET, SAINT FRANCIS, VAJONT, etc.) than others. At the beginning of the bulletin, a lot of statistical analyses are presented, according to damage, dam types, etc., of the incidents. Furthermore, several chapters give more detailed information on "famous" failures and other chapters provide recommendations about the design of dams and their foundations.

- **Deterioration of Dams and Reservoir – Examples and their Analysis** (December 1983): This publication is an actualization of "Lessons from Dam Incidents" and its content is similar; it describes 1105 deterioration cases, among which 107 are failures. A very important work of statistical analysis is included, dealing separately with concrete and masonry dams, earth and rock fill dams, appurtenant works and reservoirs. All the data gathered after the inquiry is printed, the questionnaire and the codes for dam type, deterioration type, failure causes, etc. are also available. The origins of data are: Lessons from dam incidents (ICOLD and USCOLD) and response of National Committees to the questionnaires.

- **Bulletin 99: Dam Failures - Statistical analysis** (1995): This bulletin is an update in 1995, with data collected before 1993, of the statistical analysis of "Lessons from Dam Incidents", but only for failure cases. A table of 179 failures is presented, with synthetic information on each dam. The committee in charge of this bulletin had prepared several lists of codes for dam type, types of failures, occasion of failures, causes of failures and remedial measures. There is no detailed description of the different failures in the bulletin.

1.2.2. Other existing sources

The purpose of updating Bulletin 99 was to extend the inventory of previously known failures by including known failures that occurred after 1992. For this purpose, other existing publications, either from ICOLD or from National Committees or other official organizations have been used to complement the data listed in 1.2.1. These additional sources are:

- ICOLD bulletins with list or description of failure cases:

  - Bulletin 82 (Selection of design flood - 1992).

  - Bulletin 109 (Dams less than 30 m high - Cost savings and safety improvements - 1997).

- Bulletin 120 (Design features of dams to resist seismic ground motion - 2001).

- Bulletin 164 (Internal erosion of existing Dams, Levees and Dykes, and their foundations - 2017).

- Other documents issued by National ICOLD committees or institutional bodies, where information about dam failures can be found, have also been used:

  - Jansen, Robert B. - Dams and Public Safety. A Water Resources Technical Publication., U.S. Department of the Interior, Water and Power Resources Service, Denver, CO, 1980.

  - DEFRA - Environment Agency - Evidence report, Lessons from historical dam incidents: Delivering Benefits through Evidence - August 2011.

  - USCOLD Lessons from dam incidents USA I (1975) and USA II (1988).

1.2.3. New failures cases added from international survey

It was not considered useful to launch a survey of all National Committees as it had been done for previous ICOLD publications. The working group has limited itself to an internal survey of the members of the Committee on Dam Safety, which already represents more than 30 countries among the most important in number of dams. As a complement, modern technologies of information were used to search for relevant information on additional failures.

1.2.4. Data for existing dams

Some analyses are done with reference to the total number of existing dams. For this purpose, the version of September 2018 of the ICOLD World Register of Dams (WRD) was used to extract the necessary information (dam types and heights, year of construction, …).

1.3. DATA SELECTION PROCESS AND FAILURE CASES SYNTHESIS

1.3.1. Data selection

The first action was to scan all the available documents and insert numerical values and texts into a database. This task is not trivial because many cases of failures are presented in different documents, and it was necessary to merge data from these different sources. This operation often highlighted discrepancies, sometimes significant, between the data provided in these different documents. In general, the most recent source was considered to be the most reliable. When there were large gaps between the sources, comments were added to a specific database field. Another difficulty was to detect duplicate case descriptions as some dams had different names in the different documents. Furthermore, it was realized during this work that some of the failure cases in the 1974 document, Lessons from dam incidents, were no longer present in the following ones and, on the contrary, sometimes the recent documents contained older failures that were not mentioned in the first published documents.

However, this task is much easier than it was 25 years ago because the development of digital resources greatly facilitates this search and merging work.

One major difference from Bulletin 99 is that the working group has aimed at giving a more detailed characteristics of the failures, with specific information on "Failure context", "Failure mode" and "Failure cause". Codes and definitions are given in chapter 1.4.2.

1.3.2. *Failure cases number synthesis*

The Table 1-1 below lists the number of cases analysed in this bulletin, with reference to sources. The table also provides information on the year of failure of new cases compared to the three ICOLD basic publications:

Table 1.1
Failure cases number synthesis

Failure cases year	Before 1993	1993 - 2018	Total
LFDI, DDAR, B99 (*)	202	0	202
Other institutional sources	7	34	41
New cases from survey	58	21	79
Total	267	55	**322**

(*) *LFDI: Lessons from Dams Incidents – DDAR: Deterioration of dams and reservoirs - B99: Bulletin 99*

The total number of cases is now 322 compared to the 202 officially reported by ICOLD before 1993. As a result, 120 new cases of failures are now included in the list of dam failures, most of them coming from the survey conducted for this bulletin update. It should be noted that 65 new cases concern failures that occurred before 1993 which were not listed in the documents mentioned in 1.2.1.

It should be borne in mind that these failure cases are certainly not an exhaustive list. Failure reporting is uneven as it is clearly stated by the analysis in chapter 2. It is the reason why these statistical analyses cannot be applied to all regions of the world without careful review of the reliability of the data available for these regions.

Due to practical reasons the failure list has been "closed" during 2018, the last case present in the list being the Solai dam failure in Kenya (May 2018). New failures having occurred since then are not included in these 322 cases.

In many statistical results presented in this bulletin the total number of cases is different from 322. The explanation is very simple: when the data needed for an analysis is missing (no time period available, unknown causes of failure, etc.) the number of cases kept for analysis is lower. The same is true for the number of existing dams.

All these 322 cases are listed in Appendix A.

1.4. RECORD CONTENT OF EACH FAILURE CASE

The database developed for the purpose of this update contains about thirty fields for the dam characteristics and the failure description. Many fields are numerical values but some other are "free texts". All these fields were not used in the statistical analyses but are nonetheless important for understanding and validation purposes.

1.4.1. *Dam data*

- General dam characteristics: Continent, country, year of construction, river, nearest city, scheme purpose. The year of construction have been categorized as follows:
  - Before 1900
  - Between 1901 and 1925

- Between 1926 and 1950

- Between 1951 and 1975

- Between 1976 and 2000

- After 2000

- Dam and reservoir characteristics: dam type, height, height range (see chapter 6), length of the crest, foundation type, dam body volume, reservoir volume. Dam types and dam purposes use the same code as the WRD and are recalled in the table below:

Dam Type (*)		Scheme purpose (**)
VA	arch	I – irrigation
MV	multiple arch	C – flood protection, water regime regulation
PG	gravity	R – recreation
CB	buttress dam	H – hydropower production
TE	earth	F – Fish breeding
ER	rock fill dam	N – navigation
BM	barrage	S – water supply
XX	unlisted	X – not listed above

(*) PG (M) or VA (M) for dam made of masonry.

(**) For multipurpose dams several codes are possible (for example: IH)

For earthfill and rockfill dams it has been added information about the type of section when it was available: (Z) for zoned dams, (U) for upstream impervious facing type, (H) for homogeneous type. Some dams consist of several longitudinal sections of different types. In this case several types are indicated (ER/PG, or TE/ER by example) but only the first dam type has been retained for the analyses. Otherwise, it would not have been easy to interpret the results. It has been verified that this simplification did not affect the final results.

Many dams in the data base are also listed in the ICOLD World Register of Dams (WRD) and, as far as possible, the data of this section are those of the WRD. If important gaps exist between the WRD and the data from other ICOLD publication, this is documented in a specific field of the data base. These gaps are often explained when important repair works have taken place after the incident.

For some dams the country indicated in previous data sources is no more valid, because of geopolitical changes. When no doubt exists, the new country is indicated, but the old one is noted in the data base.

1.4.2. Failure data

The information available is:

- Year of incident (the failure years were categorized in the same way as the construction years)

- Type of incident, with the following codes

Type of Incident	Description
A1	An accident to a dam which has been in use for some time, but which has been prevented from becoming a failure by immediate remedial measures including possible drawdown of the water.
A2	An accident to a dam which has been observed during initial filling of the reservoir and which has been prevented from becoming a failure by immediate remedial measures including possible drawdown of the water.
A3	An accident to a dam during construction, i.e. by settlement of foundations, slumping of wide slope, etc., which have been observed before any water was impounded and where the essential remedial measures have been carried out, and the reservoir safely filled thereafter.
A4/F4	An accident (A4) or a failure (F4) of appurtenant works: spillway, gates, cofferdams, etc.) which did not lead to a dam incident (failure or accident).
F1	A major failure involving the complete abandoning of the dam.
F2	A failure which at the time may have been severe but yet has permitted the extent of damage to be successfully repaired and the dam brought again into use.
F3	Total loss of integrity without water release.

- Incident Time, with the following codes

Incident Time	Description
T1	During construction or major rehabilitation/upgrade works
T2	During first filling
T3	During first five year
T4	After five years
T5	Not available

- Incident context

This field defines the operation condition when the incident occurred. The codes are:

Incident Context	Description
NC	Normal condition
UF	Unusual flood condition (*)
UQ	Earthquake condition
UO	Other unusual natural load/hazard
EF	Extreme flood condition (*)
EQ	Extreme earthquake condition
EO	Other extreme "natural" load/hazard (including landslides in the reservoir, upstream dam failure)
HH	Human hostile action
UN	Unknown

The term "unusual flood" represents a large flood but remaining below the design hypothesis. The term extreme flood means a flood higher than the design hypothesis.

- Failure Mode: In order to sort the different interesting cases, the following limited numbers of incident mode were used:

Incident Mode		Description
OT		Overtopping – External erosion
IE (*) Internal Erosion or inadequate water tightness	IEDB	leakage inside dam body
	IEFO	leakage inside foundation
	IESU	"Surface" erosion / leakage taking place in interfaces inside the dam or its foundation
SF (*) Structural failure	SFBD	Mass movement (sliding, tilting, settlement in dam body)
	SFFO	Loss of support (from foundation, abutment)
UN		Unknown or Unclear
DI		Important disorders (partial loss of integrity)

(*) generic code which are used only if no information is available on a more detailed incident mode.

- Fatalities: Number of human victims (sometimes the precise number is not known and only a range "mini-maxi" is available).

- Description of the failure: a description of the failure scenario,

- Failure causes: Bulletin 99 presents an analysis of failure causes, but all these causes were "technical" causes, whereas nowadays it is recognized that organizational or human behaviour issues are the root cause of many failures. Finally, finding the right causes need careful analysis which has been rigorously carried out for only some of the more important failures. For this update the working group has identified two categories of causes:

  – Causes linked to organizational issues or human behaviour:

BD	Design insufficiencies
BC	Construction insufficiencies
BM	Maintenance or surveillance
BO	Inadequate operation (including spillway gates)
NN	None or Unclear

  – Causes linked to internal causes (technical issues, ineffective barriers of defence).

GC	Geotechnical issues
ST	Structural issues
MA	Material ageing
IF	Overtopping (OT) due to Inadequate Freeboard
IA	Overtopping (OT) due to Inadequate Available capacity (including gates malfunction)
II	Overtopping (OT) due to Inadequate Installed capacity
HF	Hydro mechanical equipment malfunction or failure (including loss of power supply)
UN	Unknown

- Other information: detection mode, remedial measures, etc.

1.5.   THE ICOLD DATA BASE ON DAM INCIDENTS

All the data collected from the references cited above and the answers of Dam Safety Committee members were introduced in a database. The purpose of this database is to give to the dam community a tool providing a list, as exhaustive as possible, of dam incidents. The objective is not to have very detailed information for each incident record; rather the database gives some references, many of them being now available on the Internet.

The main objective is to provide dam professionals with a reliable (as much as possible) source of dam incidents, making it possible to sort by type of dams, countries, period, etc., in order to study in more details, the cases related to some particular question. Obviously, these detailed studies cannot be undertaken only with the data available in this database but must rely on the references provided and on specific research of reports, articles, etc.

The second objective of the database is to allow periodical statistical analysis as it is done in this update of bulletin 99.

2. FAILED DAMS <-> GEOGRAPHICAL REPARTITION

To assess the representativeness of the failures' data, the repartition of failed dams by continent has been analysed by comparison with existing large dams as reported in the WRD. The following table gives the main values:

Table 2.1
Ratio of failed versus existing dams by continent

	Existing dams	Failed dams	ratio
ASIA	35176	67	0,19%
NORTH AMERICA	11118	130	1,17%
EUROPE	7713	61	0,79%
AFRICA	2330	30	1,29%
SOUTH AMERICA	1887	22	1,17%
AUSTRAL-ASIA	824	12	1,46%
CENTRAL AMERICA	23	0	0,00%
TOTAL	59071	322	0,55%

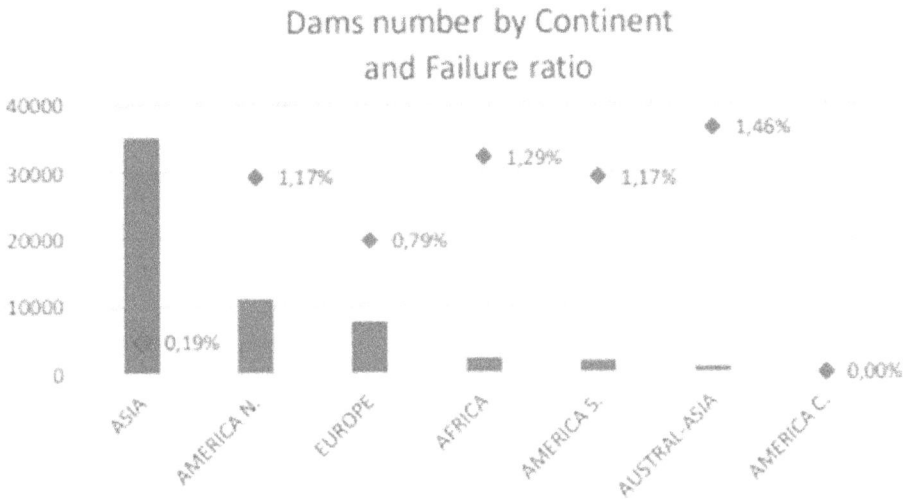

Fig. 2.1
Number of large dams by continent and failure ratio

It clearly appears, that the average value of the ratio failed dams / existing dams is in a range of 0,8% (Europe) to 1.3% (other continents). With a ratio of 0.19% Asia is obviously different from the other regions. In order to ensure the soundness of the statistical analysis performed in this bulletin, some data from Asia have been excluded in the following analysis, both for existing and failed dams. The total number of existing and failed dams considered in the bulletin is therefore 35230 and 311 respectively, and not 59071 and 322 as listed in Table 2-1 above.

The Table 2-1 is then modified as follow:

Table 2.2
Modified ratio of failures versus existing dams by continent

	Existing dams	Failed dams	Ratio
ASIA	11335	56	0,49%
NORTH AMERICA	11118	130	1,17%
EUROPE	7713	61	0,79%
AFRICA	2330	30	1,29%
SOUTH AMERICA	1887	22	1,17%
AUSTRAL-ASIA	824	12	1,46%
CENTRAL AMERICA	23	0	0,00%
TOTAL	35230	311	0,88%

Sometimes enough information to fill all the fields of these existing and failed dams have not been available. Therefore, for many analyses results the total number of cases is different (lower) than 311 or 35230.

For existing dams in the WRD, it can be pointed out that only 57093 dams are large dams with the ICOLD definition (for 52738 dams $H \geq 15$ m and for 4355 dams $H < 15m$ and $V \geq 3$ hm^3). That means that 1978 dams (3.3% of the total) in the register are not "ICOLD large dams".

For failed dams the working group has considered that some failures deserved to be included even if the "ICOLD large dams" criteria were not strictly fulfilled. On the 322 failures' cases the number of these cases is 14, representing 4.3% of the failed dams.

3.   FAILURES <-> TIME

Registered dam failures during 25-year time periods are shown below. The tendency is clearly a decrease in failure ratio with time. The table and the figure below summarize these data, compared to the cumulative number of existing dams to obtain the evolution of failure rate:

Table 3.1
Dam failures by time periods and ratio with existing dams

Time period	≤1900	1901-1925	1926-1950	1951-1975	1976-2000	>2000
Cumulative number of existing dams	1588	3808	7375	19724	30829	33470
Failed dams	35	54	41	77	63	40
ratio	2.20%	1.42%	0.56%	0.39%	0.20%	0.12%

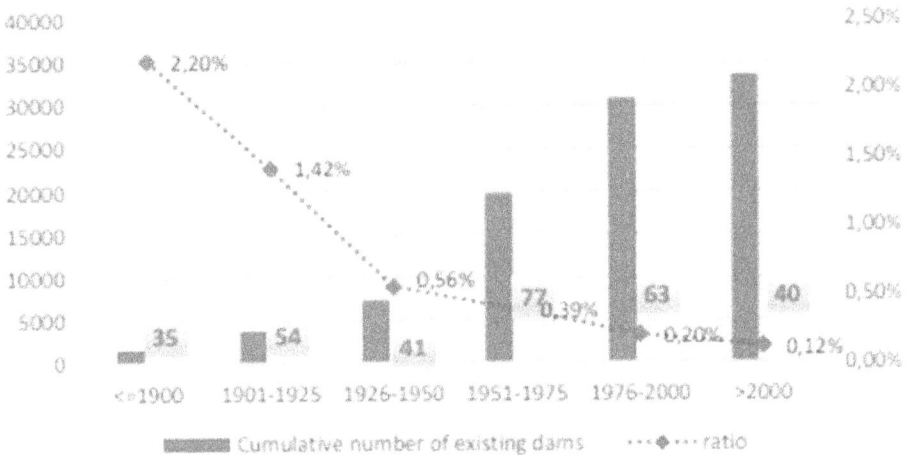

Fig. 3.1
Dam failures by time periods and ratio with existing dams

The number of failures was at a maximum in 1950–1975 with 77 failures recorded. Since then, the number has decreased but is still rather significant with 40 failures from 2000 to 2018. However, due to the growing number of dams the failure ratio shows a continuous and promising decrease. It is worth noting that 87% of the failures concern dams built before 1975. Only 13% concerns dams built after 1975 (see next chapter).

The number of failures registered after 2000 is still significant, but the overall trend seems to be a decrease in the number of failures since the period 1950–1975.

4.   FAILURES <-> YEAR OF CONSTRUCTION

One of the most interesting lessons learnt from failure of dams is to check that continuous progresses are made along time: lessons from failures have been considered in dam design and operation of existing dams. The table below summarizes these data, comparing the number of dams built during a period of time to the number of these dams that have failed to date.

Table 4.1
Failures of dams versus their year of construction

Year of construction	≤1900	1901-1925	1926-1950	1951-1975	1976-2000	>2000
number of dams built	1588	2220	3567	12349	11105	2641
Failed dams	67	73	41	73	32	10
ratio	4.22%	3.29%	1.15%	0.59%	0.29%	0.38%

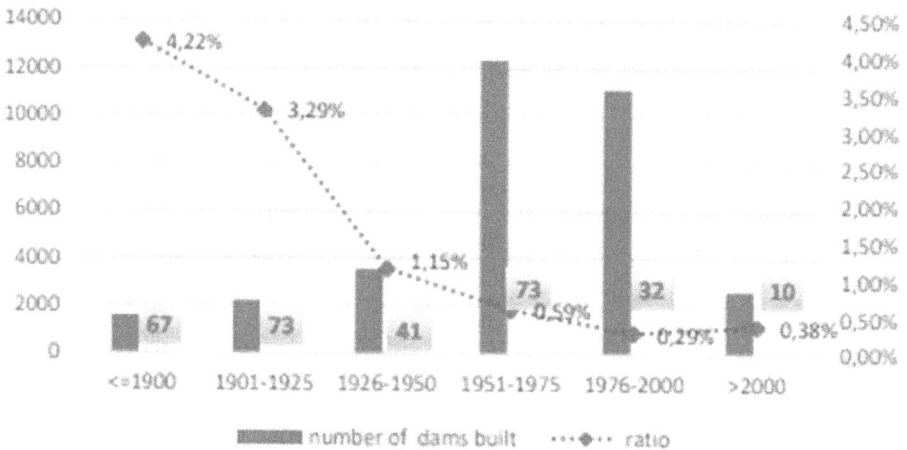

Fig. 4.1
Failures of dams versus their year of construction

The ratio for dams built after 2000 is higher than during the previous 25 years period. This would tend to show a slight increase in the rate of failure in the last 20 years.

Another explanation could obviously be a better detection of dam failures since 2000 thanks to the Information Technology progress (Internet,...).

5.   FAILURES <-> DAM AGE

The time span between the year of construction and the failure year (i.e. the dam age at failure) is an important factor. An analysis has been made comparing the dams which have failed before 5 years of operation (i.e. during construction, first impounding or during the first 5 years of operation) to the total number of failed dams during the same time period. This is reported in the following table:

Table 5.1
Ratio of failures occurring during the first 5 years versus total number of failures

Year of construction	<=1900	1901-1925	1926-1950	1951-1975	1976-2000	>2000
Ratio of failures during first 5 years of operation vs total	30%	51%	46%	59%	59%	100%

It can be seen that except for the dams built before 1900, this ratio is around 50%, which confirms the usual statement that 50% of the failures occur during the first five years. To date all dams built after 2000 have failed during their first five years.

The next Figure 5-1 refines this analysis by selecting the age of failed dams by period of ten years versus their period of construction.

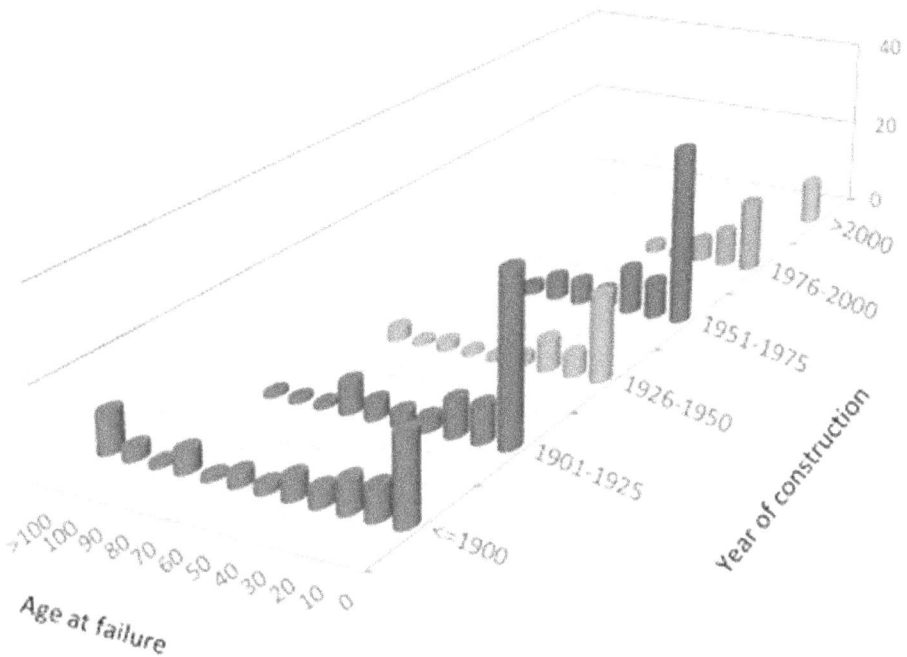

Fig. 5.1
Age at failure versus year of construction

The first ten years are clearly the period where many failures occur. But it seems that a significant number of failures continued to happen during the 30 first years for dams built between 1900 and 2000. There are also failures on older dams: as dams get older, they will naturally be more prone to failure if they are not maintained and upgraded. For dams built after 2000 it is too early to draw conclusions.

A focus on these first 10 years is plotted below: the two first years stand for 50% of these failures.

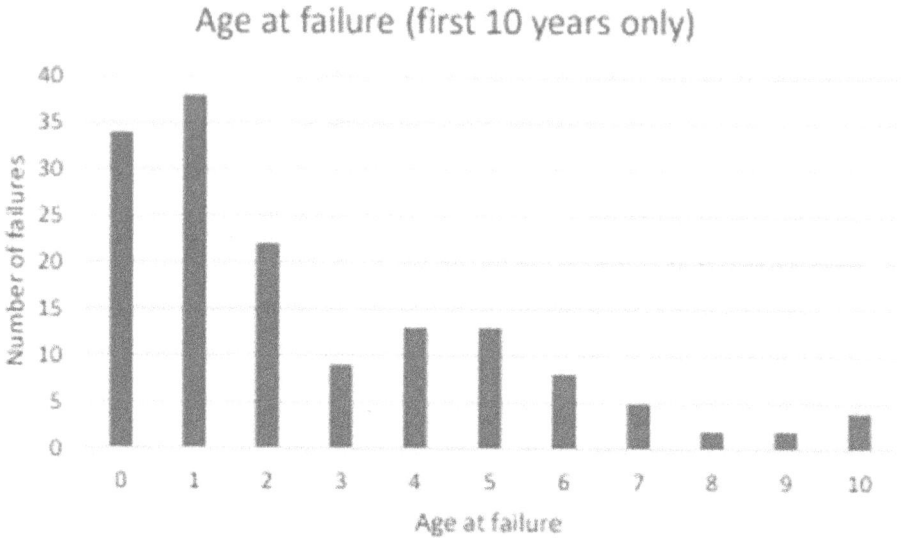

Fig. 5.2
Age at failure – zoom on the first 10 years

This analysis is easier when considering height range instead of absolute height values. The table below gives the height range definition and the number of existing and failed dams:

Table 6.1
Failures versus dams' height

Height range	Existing dams	Failed dams	Ratio
< 15 m	6984	45	0.64%
15 - 30 m	18831	188	1.00%
30 - 50 m	5570	52	0.93%
50 -75 m	2218	22	0.99%
75 - 100 m	866	3	0.35%
> 100 m	761	1(*)	0.13%
Total	35230	311	0.88%

*Vajon

The figure below gives the number of existing and failed dams versus their height category. It seems that for the range 15–75 m this ratio is quite constant at around 1%. The value for dams lower than 15 m is significantly lower. One explanation could be that failures of these smaller dams are perhaps not as well reported as for the higher dams. The more interesting lessons from this figure concern dams higher than 75 m: with a ratio of 0.35% (only 3 failures reported; Hwachon, Fort Peck and Teton dam) it seems to indicate that high dams are less prone to failure, likely because they have been well designed and built and well operated. For dams higher than 100 m only one dam is included in the statistics. But this case is the Vajont dam which did not fail or lose its structural integrity. The Vajont dam was hit by a tsunami caused by a massive landslide into the reservoir in 1963, causing more than 2000 fatalities. The dam structure is still standing, with minor damages to the dam crest, but it has not been in operation since the accident as the reservoir is filled with landslide material.

In conclusion it could be stated that the failure ratio of large dams is quite independent of the dam height for heights ranging from 15 to 75 m (same conclusion as Bulletin 99). For higher dams this ratio is rapidly decreasing, and is ~ 0 for dams higher than 100 m.

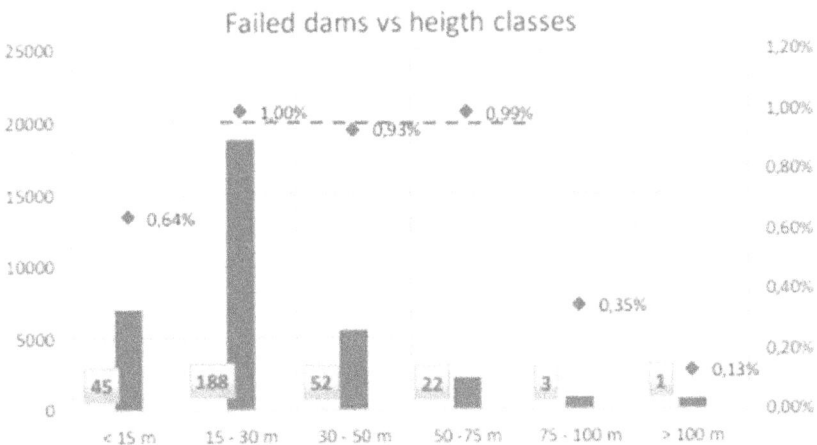

Fig. 6.1
Failures versus dam height

Analysing the influence of the dam type on the failure ratio is simple if only one dam type is specified. For composite dams the choice has been to keep only the first type indicated in the WRD and in the dam failure database; it means for example that a PG/TE (Gravity/Earthfill) dam will be considered as a gravity dam.

Table 7.1
Failure versus dam type

Dam type	Existing dams	failed	ratio	
VA - Arch	890	6	0.67%	Failure vs dam type
CB - Buttress	340	8	2.35%	
MV - Multi Arch	105	4	3.81%	
PG - Gravity	5571	46	0.83%	
ER - Rockfill	2378	33	1.39%	
TE - Earthfill	21977	209	0.95%	
BM - Barrage	224	0	0.00%	
XX - Unknown	715	5	0.70%	

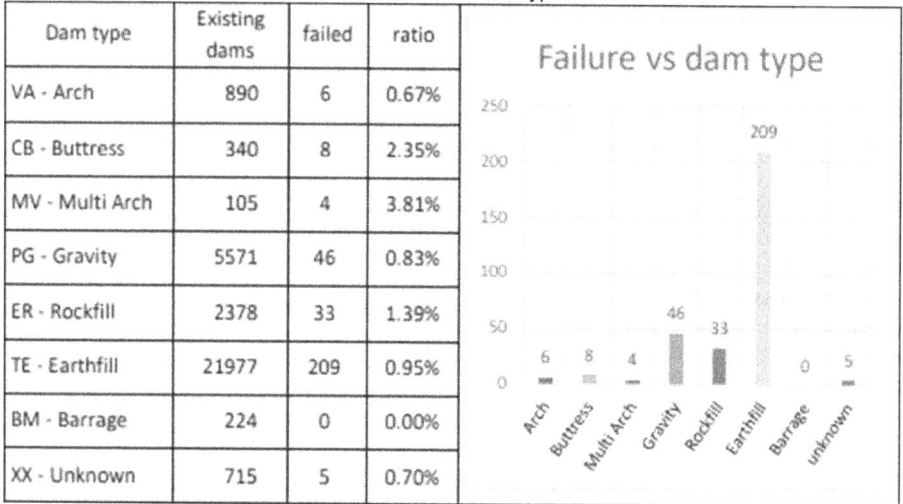

The ratio seems very similar (failure rate between 0.8% and 1.4%) except for buttress and multi arch dams which are much higher (2.35% and 3.81%). But these values are relative to a small number of failures and are perhaps not statistically significant. The rockfill dam's failure ratio at 1.43% is therefore the higher ratio. For the gravity dams, masonry gravity dams stand for 2/3 of the reported failures.

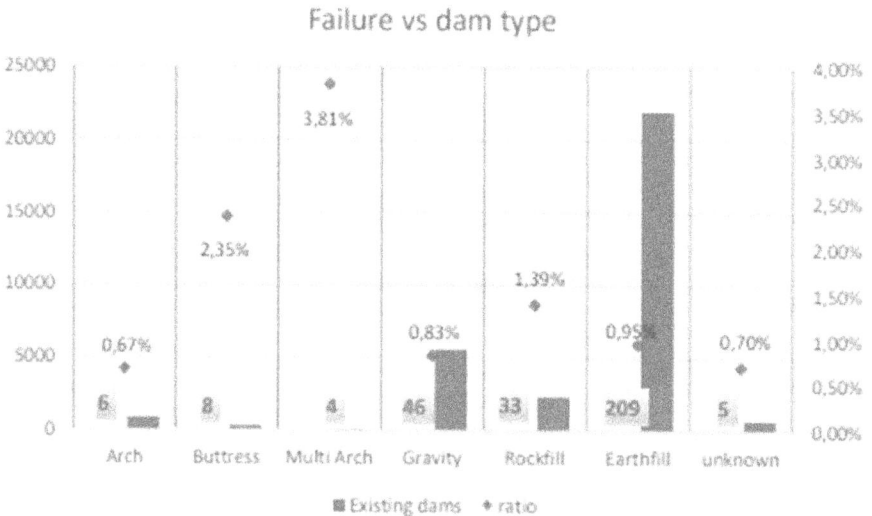

Fig. 7.1
Failure versus dam type

The repartition of the failures according to the dam type and the year of failure is shown in the Figure 7-2.

Failures by 25 years period of time

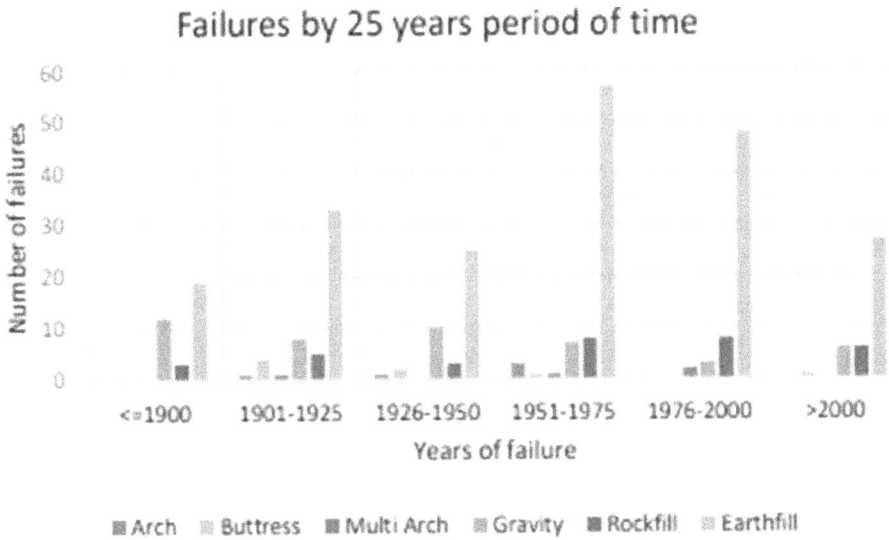

Fig. 7.2
Failures sorted by failure period and dam type

The age of the dams at failure can also be compared to the dam types, as illustrated in the figure below:

Dam types vs age at failure

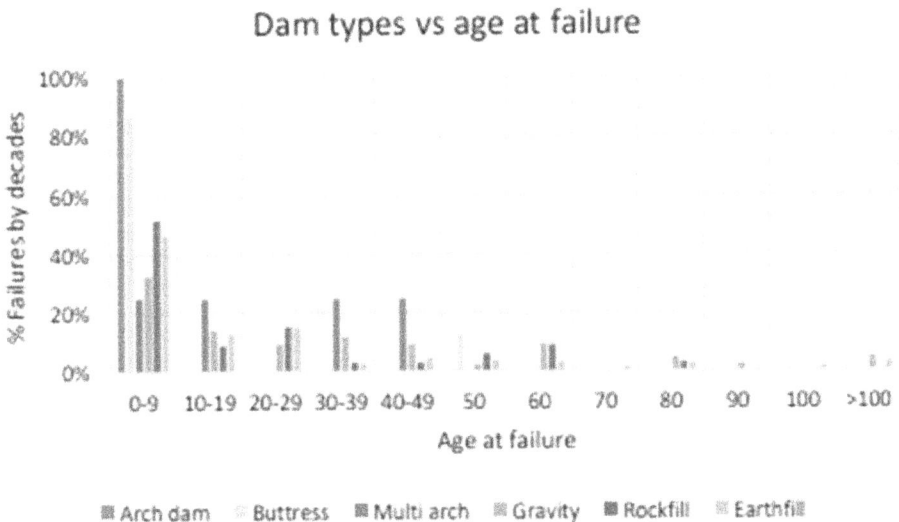

Fig. 7.3
Dam type versus age at failure

As already noted, the larger number of failures happen during the first decade for all types of dams. However, the failures of all arch dams and all buttress dams have occurred during the first decade. For multi arch dams the failure seems indifferent to the age of the dam. For gravity dams, masonry gravity dams stand for 2/3 of the reported failures. The detailed repartition of these failures of gravity dams versus their year of construction and their material (masonry or concrete) is presented in the Figure 7-4.

Gravity type vs year of construction

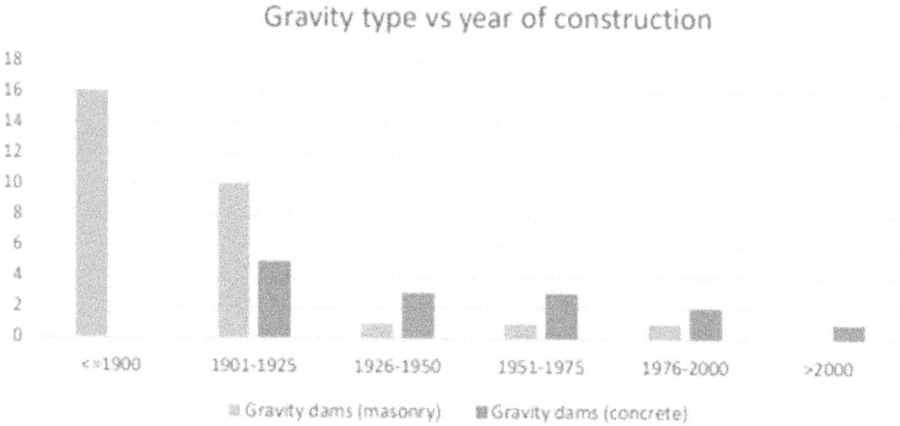

Fig. 7.4
Failures of gravity dams according to their material (masonry or concrete)

The conclusion about the influence of the type of dams on their failure's ratios is the same as in the bulletin 99: there is no significant effect of dam type on the failure ratio, except perhaps for rockfill dams with a somewhat larger failure ratio. There are too few failures of multiple arch dams and buttress dams to be statistically significant.

8. FAILURES <-> RESERVOIR VOLUME

The number of failed dams according to their reservoir volume ranges is shown in the Figure 8-1 below.

Failed dams vs reservoir volume

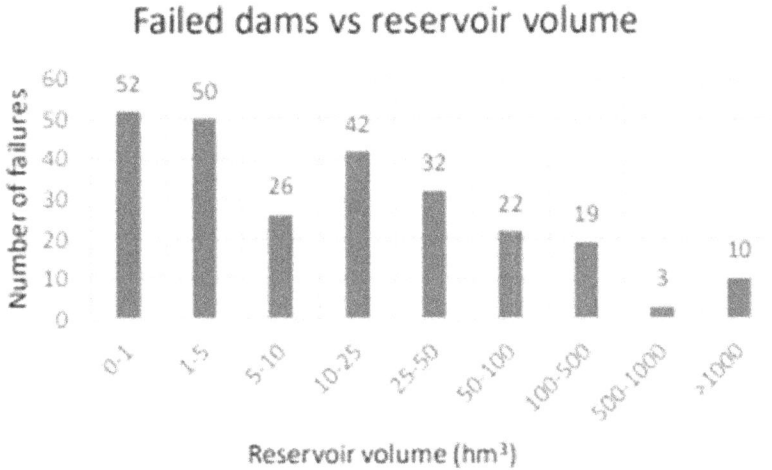

Fig. 8.1
Failures versus reservoir volume

The Table 8-1 and the Figure 8-2 give the number of failures by reservoir volume range and the failure ratio versus the number of existing reservoirs of the same volume range :

Table 8.1
Failures versus reservoir volume

Reservoir volume range (hm³)	Existing dams	Failures	Ratio
0-1	9474	52	0,55%
1-5	9980	50	0,50%
5-10	3527	26	0,74%
10-25	3340	42	1,26%
25-50	1836	32	1,74%
50-100	1518	22	1,45%
100-500	2291	19	0,83%
500-1000	551	3	0,54%
>1000	1143	10	0,87%

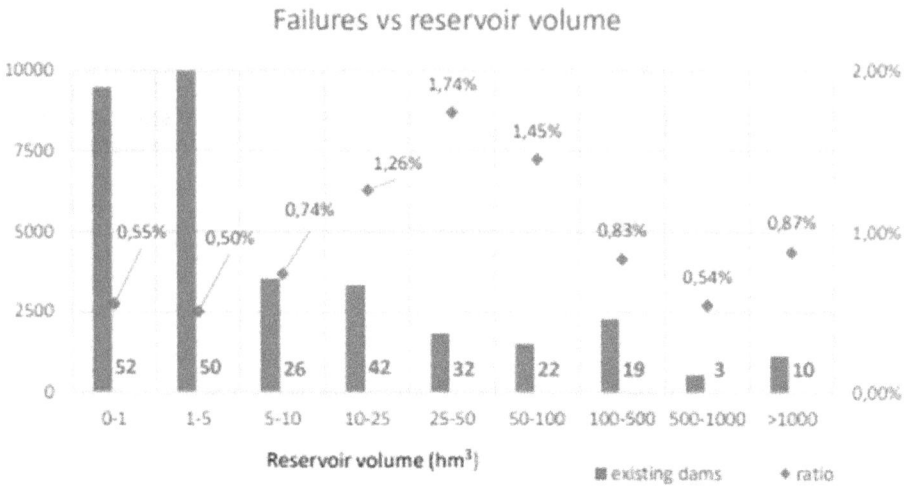

Fig. 8.2
Failure number versus reservoir volume and ratio with existing dams

These statistics indicate that the dams with a reservoir volume between 10 and 100 hm³ have a higher failure ratio than the smaller or larger ones. But this may likely indicate lack of reporting on failures for dams with smaller reservoirs.

9.   FAILURE CONTEXT

Several contexts of failure have been considered in the data base: normal condition, flood (unusual or extreme), earthquake (unusual or extreme), other natural hazards (unusual or extreme) and hostile human actions. The table below gives the number of contexts of these different categories.

Table 9.1
Failure contexts repartition

Normal operation condition	Flood (*)	Unusual Flood	Extreme Flood	Unusual Earth-quake	Extreme Earth-quake	Other unusual natural event	Other extreme natural event	Hostile Human action	Un-known
110	40	59	33	4	3	2	2	6	52

* Flood magnitude not specified

It is obvious that the two most important contexts are the normal operation (110 failure cases) and the flood condition (132 failure cases), the figures of which are similar, and represent more than 90% of the total of the known failure contexts. However, flood context is the more important. It is interesting to note that the number of failures during "unusual" flood (i.e. below the design flood) is more important than during "extreme" flood (i.e. above the design flood). This last ascertainment is not surprising as unusual floods occur far more often than extreme floods. And also; the design flood from the original year of construction may in many cases be underestimated, so the dams and spillways are in reality below present standard. In addition, some dams have experienced malfunctioning of spillways which also causes damages and possible failures during "moderate floods".

In Figure 9-1 and Figure 9-3 a more detailed analysis can be done by examining the influences of three parameters on the number of failures: the construction year, the age at failure and the types of dam.

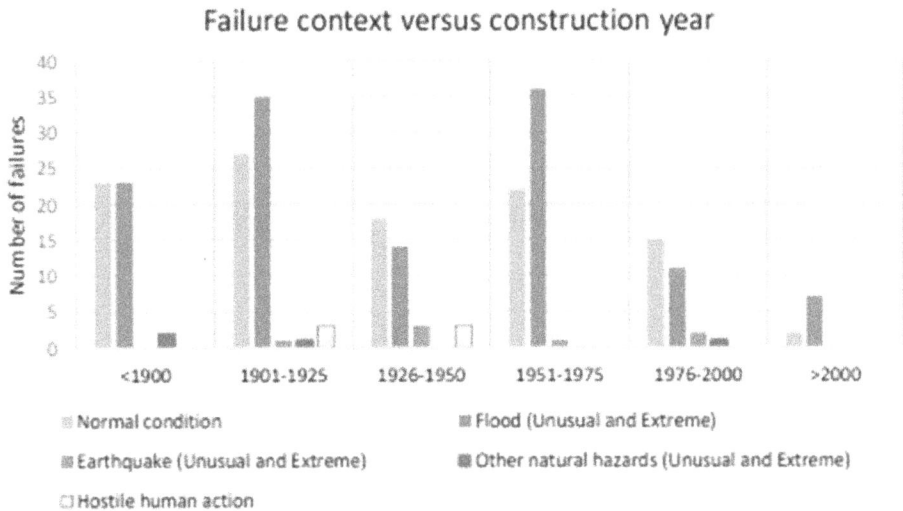

Fig. 9.1
Failures context versus construction year

As given in Figure 9-1 the construction year has not a significant influence on the repartition between normal operation and flood failure contexts: these two main failure contexts are the more important for each construction year periods.

Figure 9-2 below gives a focus on the failures during flood: the ratio between unusual and extreme floods is always lower than 1 except during the construction period 1925–1950. On the contrary, this ratio is the lowest for the dams built after 2000. It can be noted than until the 1950ies the ratio of embankment dams among all other dam types was slightly below 50%. This situation changed very quickly after 1950 when more large dams were made as embankment dams because of the development of construction equipment/technology. So, the population of dams constructed before 1950 were, on average, more robust against overtopping.

Failure context versus construction year focus on unusual vs extreme flood

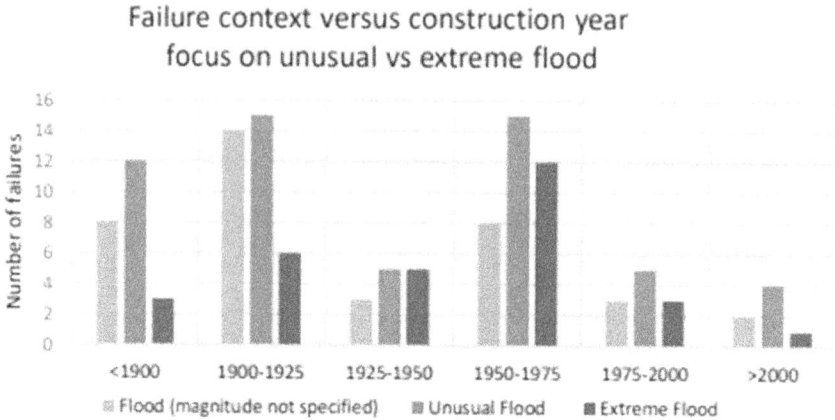

Fig. 9.2
Flood failure context versus construction year

Looking at the distribution of the failure contexts versus the age of the dams at the time of the failure, as given in Figure 9-3, it is interesting to note that the "flood" context becomes the main context as soon as the age of the dam is 20 years or older. The "negative" ages stand for failure during construction.

Failure context versus age at failure

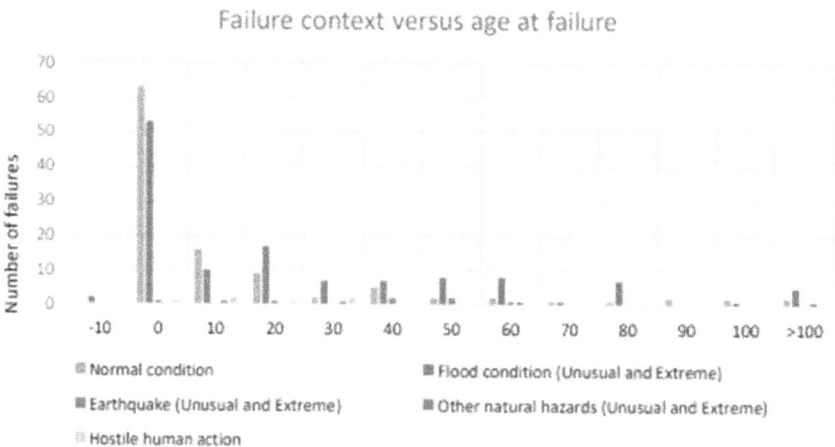

Fig. 9.3
Failure context versus age at failure

Looking at the influence of the dam type, the flood contexts are the more important for earthfill, rockfill and gravity dams while the normal operation condition is the major context identified for buttress and arch dams. Figure 9-4 illustrates once more the significant number of failures of embankments dams. Masonry gravity dams stand for quite 70% of the gravity type either for normal condition or flood events contexts.

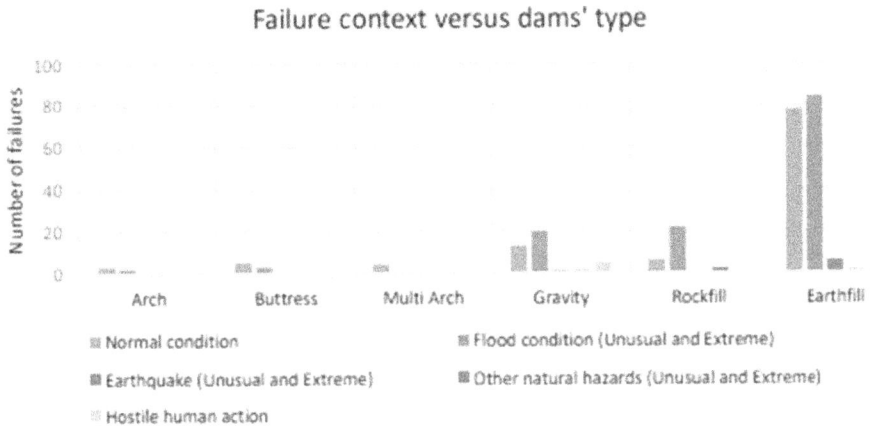

Fig. 9.4
Failure context versus type of dams

10. FAILURE MODES

The failure modes according to the types of dams are presented in the Figure 10-1 with a focus on gravity dams in Figure 10-12. A more detailed analysis of the failure modes is done in sections 10.1 and 10.2, for embankment dams and rigid dams.

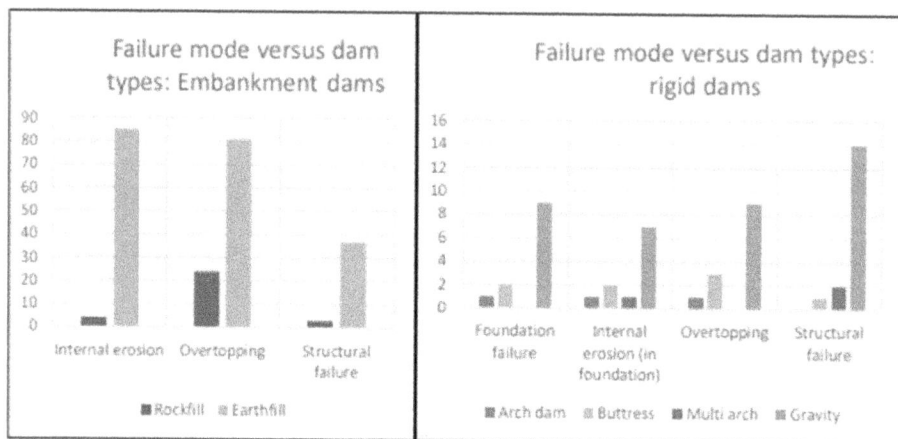

Fig. 10.1
Number of failures according to the dam type and the failure mode

10.1. EMBANKMENT DAM FAILURES

In this section the rockfill and earth fill (ER and TE) dam failures are analysed. The failure mode analyses are done separately for the effect of a) year of construction, b) age at failure and c) context.

10.1.1. Failure mode <-> Construction year

Total number of failures for embankment dams is 232.

The results related to construction year category and failure mode are shown in Table 10-1 and Figure 10-2 below.

Table 10.1
Embankment dam failures per year category and failure mode

Failure mode	Construction year							
	<=1900	1901-1925	1926-1950	1951-1975	1976-2000	>2000	Total #	%
Foundation failure	5	1	1	1	1	1	10	17%
Internal erosion (in foundation)	3	5	4	2	1	0	15	25%
Overtopping	2	8	0	4	0	0	14	24%
Structural failure	5	6	1	3	1	0	16	27%
Unknown	2	2	0	0	0	0	4	7%
Total #	17	22	6	10	3	1	59	100%

Number of failures per construction year and failure mode

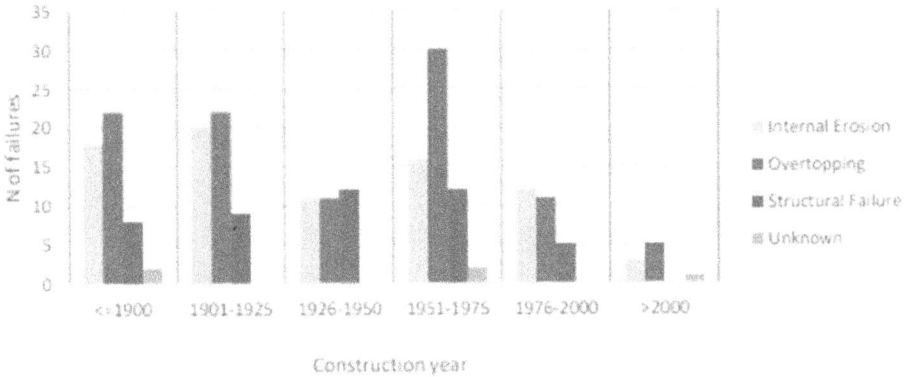

Fig. 10.2
Embankment dam failures per year category and failure mode

Figure 10-3 shows the ratio of the failures versus the total number of embankment existing dams (from the World register of dams) per construction year category as given below:

Table 10.2
Number of existing embankment dam

Year of construction	<=1900	1901-1925	1926-1950	1951-1975	1976-2000	>2000
WRD number of existing embankment dams	1177	990	1774	8538	9034	1747

Ratio failures relative to total number of embankment dams

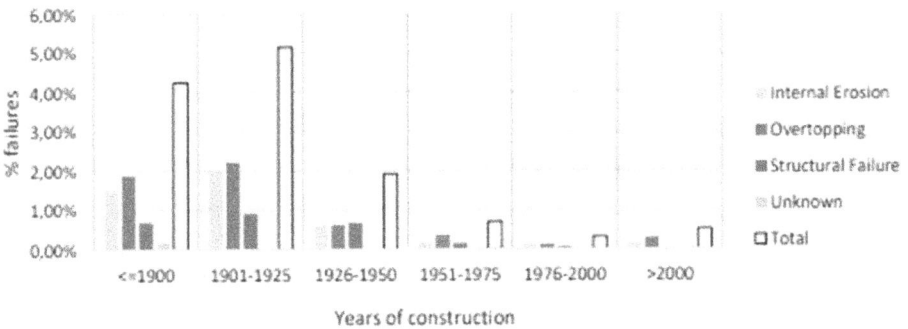

Fig. 10.3
Embankment dam failures in % of total fill dams in the world categorized by failure mode and year of construction of the dam

This leads to the following conclusions:

- In absolute numbers overtopping and internal erosion are the most frequent failure modes

- In the periods later than 1950 the relative number of failures drops to less than 0.2% but increases again in the period beyond 2000.

Detailed analysis shows that Internal erosion can be divided in several subcategories as indicated in Figure 10-4

Subcategories internal erosion embankment dams

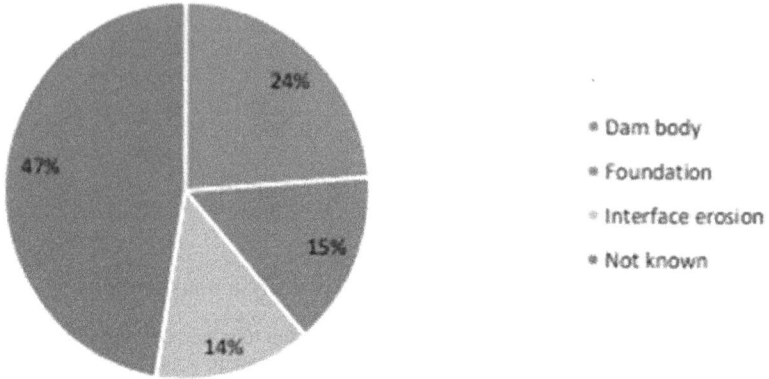

Fig. 10.4
Embankment dams failures subcategories Internal erosion

Structural failure can also be divided in several subcategories as shown in Figure 10-5 showing that structural failure of the dam body is the most important one.

Subcategories structural failures embankment dams

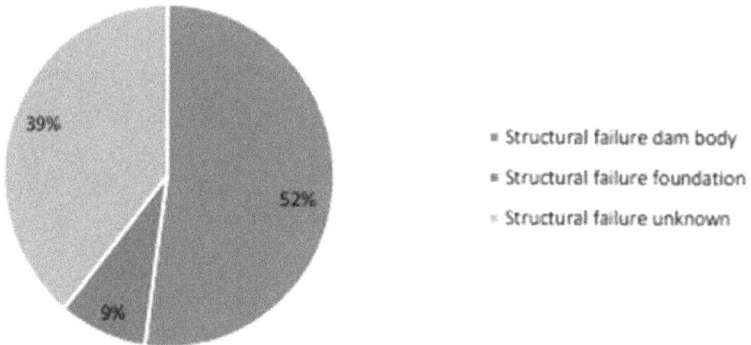

Fig. 10.5
Embankment dam failures subcategories structural failure

10.1.2. Failure mode <-> Age at failure

To analyse the failure mode and age of the dams, the same data is used as described in 10.1.1. However, two dams failed during construction, and they were omitted from the data. The total number of failures is then 200.

The results are shown in Table 10-3 below.

Table 10.3
Number of failures versus age at failure and failure modes

Failure mode	Age at failure (years) embankment dams											
	0	10	20	30	40	50	60	70	80	90	100	>100
Internal Erosion	46	14	7		4	2	3		1		2	1
Overt. -Ext Erosion	41	10	16	4	4	5	6	3	4		1	5
Structural Failure	21	4	7	3	3	3	1		2	1		1
Unknown	4		1									
Total	112	28	31	7	11	10	10	3	7	1	3	7

Figure 10-6 shows the number of failures per age decade and the failure mode.

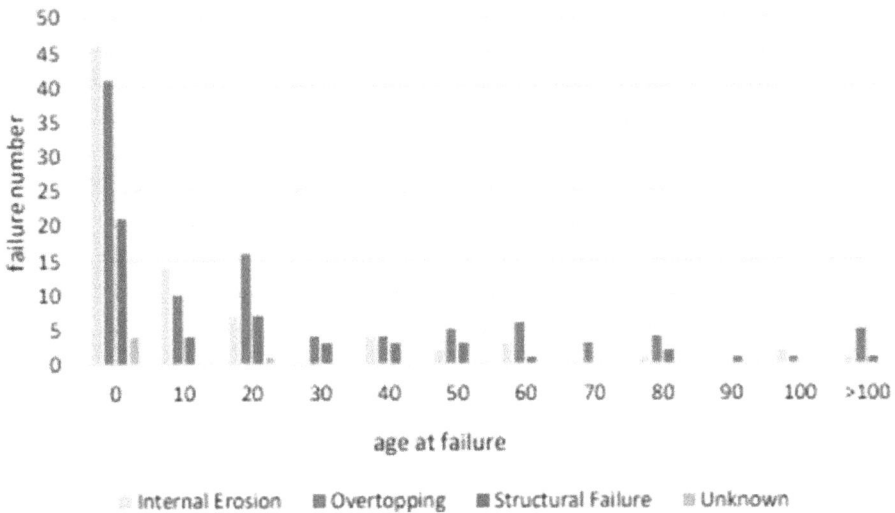

Number of failures per age decade and failure mode

Fig. 10.6
Number of embankment failures categorized by failure mode and age at failure

This leads to the following conclusions:

- In the first years after construction (0–10 years) most failures occur. The largest contributions come from internal erosion and overtopping.

- A clear decrease is visible after 30 years.

- The number of failures strongly decreases when dams get older, but overtopping remains a risk.

10.1.3. Embankment dams' failure mode <-> Incident context

In Table 10-4 below and Figure 10-7 the results are shown:

Table 10.4
Failure modes versus incident context

Failure Mode (embankment dams)	Incident Context					
	Normal condition	Flood Condition	Earthquake condition	Other Extreme Load	Unknown	Total
Internal Erosion	57	12	0	1	16	86
Overt. -Ext Erosion	3	88	0	0	18	109
Structural Failure	24	7	8	2	7	48
Unknown	1	1	0	0	3	5
Total	85	108	8	3	44	248

Fig. 10.7
Number of embankment dam failures categorized by failure mode and incident context

Conclusions:

- Most failures occurred due to Overtopping during Flood condition

- Internal erosion occurred most in combination with Normal condition

- Structural failure occurred most in Normal condition but also with all other conditions

10.1.4. Failure mode analysis conclusions

- In general Overtopping and Internal Erosion are the most common Failure modes

- Related to year of construction

  – Decrease of failure ratio after 1950

  – Small increase of failure ratio after 2000

- Related to age

  - Most failures occur in the first years

  - For dams older than 30 years a low number of failures have occurred, apart from overtopping which remains at a stable level

- Failure mode related to Incident context

  - Overtopping mostly in combination with flood conditions

  - Internal erosion mostly in combination with normal conditions

  - Structural failure occurs in all loading conditions

10.2. CONCRETE AND MASONRY DAMS

In this part the concrete and masonry dam failures are analysed. Dams built of concrete, stone, or other masonry are called "rigid dams", including gravity, (multiple)arch and buttress dams. For the failure mode a separate analysis is done for the effect of a) year of construction, b) age at failure and c) context.

It should be noted that for rigid dams the "Internal Erosion" failure mode is always related to a foundation deficiency, while "Foundation Failure" addresses the structural failures inside the foundation.

10.2.1. Failure mode <-> Construction year

Total number of failures for rigid dams is 59.

The results related to construction year category and failure mode are shown in the Table 10-5 and Figure 10-8 below.

Table 10.5
Number of failures vs the failure mode and the construction period

Failure mode	Construction year						Total #	%
	<=1900	1901-1925	1926-1950	1951-1975	1976-2000	>2000		
Foundation failure	5	1	1	1	1	1	10	17%
Internal erosion (in foundation)	3	5	4	2	1	0	15	25%
Overtopping	2	8	0	4	0	0	14	24%
Structural failure	5	6	1	3	1	0	16	27%
Unknown	2	2	0	0	0	0	4	7%
Total #	17	22	6	10	3	1	59	100%

Number of failures per year category and failure mode rigid dams

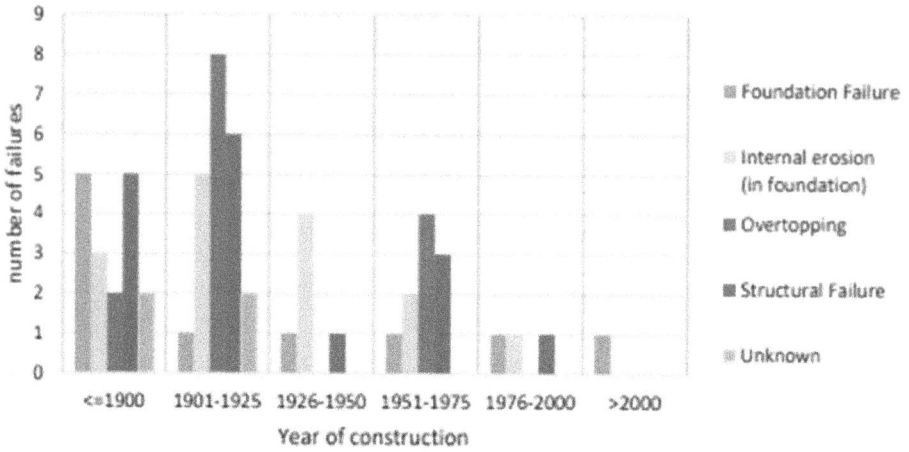

Fig. 10.8
Concrete and masonry dam failures per year of construction and failure mode

Table 10-6 gives the total number of existing rigid dams per year category from World Register of Dams and Figure 10-9 shows the ratio of the failures:

Table 10.6
Total number of existing "rigid" dams

Construction year	<=1900	1901-1925	1926-1950	1951-1975	1976-2000	>2000
Number of existing rigid dams from WRD	168	661	1215	2675	1501	657

Failure modes relative to total number of rigid dams

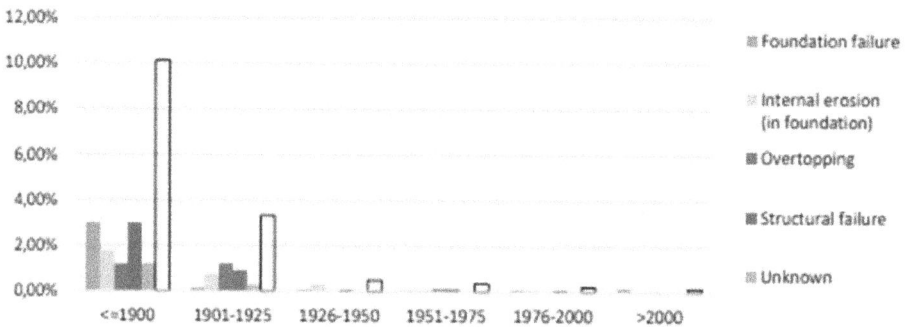

Fig. 10.9
Failure modes of rigid dams in % of total number of existing dams categorized per year of construction of the dam

58

From the data and figures the following conclusions can be drawn:

- In absolute numbers the period before 1900 and from 1901 till 1925 has the most failures, but relative to the number of rigid dams completed in these periods the period before 1900 clearly has most failures.

10.2.2. Failure mode <-> Age at failure

To analyse the failure mode and age of the dams, the same failure modes are used as earlier described in 10.1.2. The results are shown in the Table 10-7 below and Figure 10-10. The total number of failures is 59 and a clear decrease is visible after the first decade.

Table 10.7
Rigid dams failure modes versus age at failure

Failure Mode	Age at failure (decades)											Total/ Mode	%
	0	10	20	30	40	50	60	70	80	90	>100		
Foundation failure	8	0	0	1	0	0	0	0	0	0	1	10	18%
Internal erosion (in foundation)	8	2	1	0	1	0	0	0	1	0	1	14	25%
Overtopping	5	1	1	1	1	1	2	0	1	0	0	13	23%
Structural failure	4	3	2	3	2	0	1	0	0	1	0	16	29%
Unknown	1	0	0	0	0	1	1	0	0	0	0	3	5%
Total/Decade	26	6	4	5	4	2	4	0	2	1	2	59	100%

Number of rigid dams failure modes versus age at failure

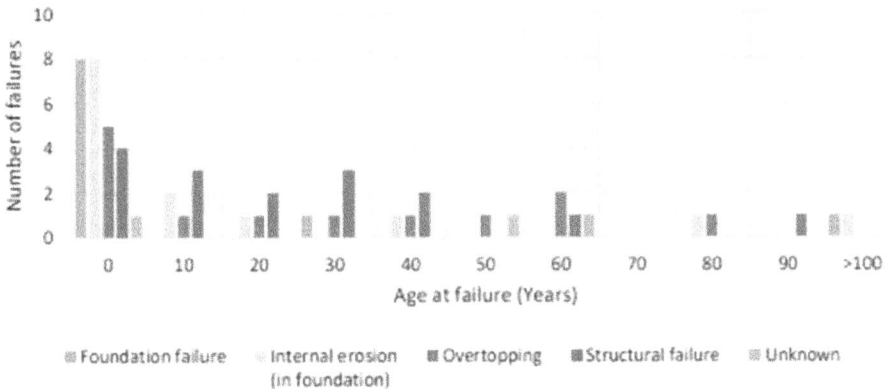

Fig. 10.10
Number of rigid dams' failures categorized by failure mode and age at failure

From the graphs the following conclusions can be drawn:

- Overall most failures are linked to the foundation (43%, foundation failure and internal erosion in foundation), followed by structural (29%) and overtopping (23%).

- Most failures occur in the first decade (46%).

Further analysis of the first decade failures shows that most failures occurred at gravity dams and are linked to foundation deficiencies (see Figure 10-11), caused by Loss of support (foundation or abutment) or internal erosion (in foundation).

Failure mode and dam type at first decade failure

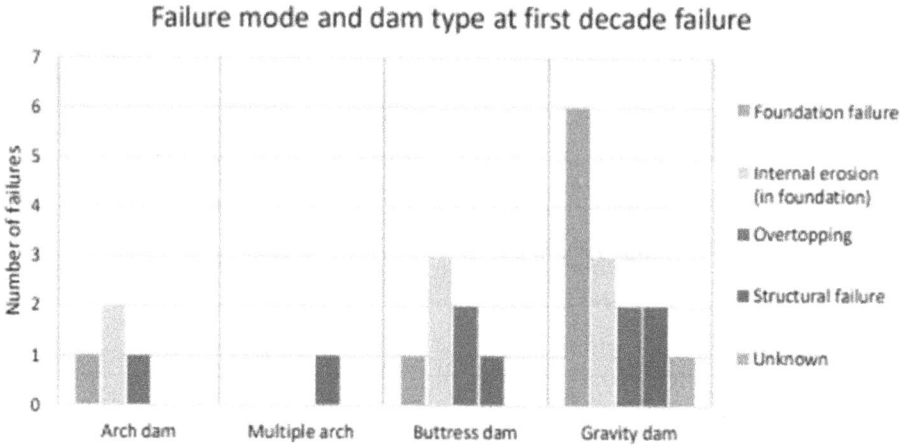

Fig. 10.11
Rigid dams failures in the first 10 years after construction by failure mode and dam type

- Concerning the gravity dams type (concrete or masonry) and their failure modes the Figure 10-12 shows that there are no differences between these two types of gravity dams for all failure modes except for structural failures which concerns much more the masonry dams (86% of this failure mode).

Gravity dams failure mode versus types

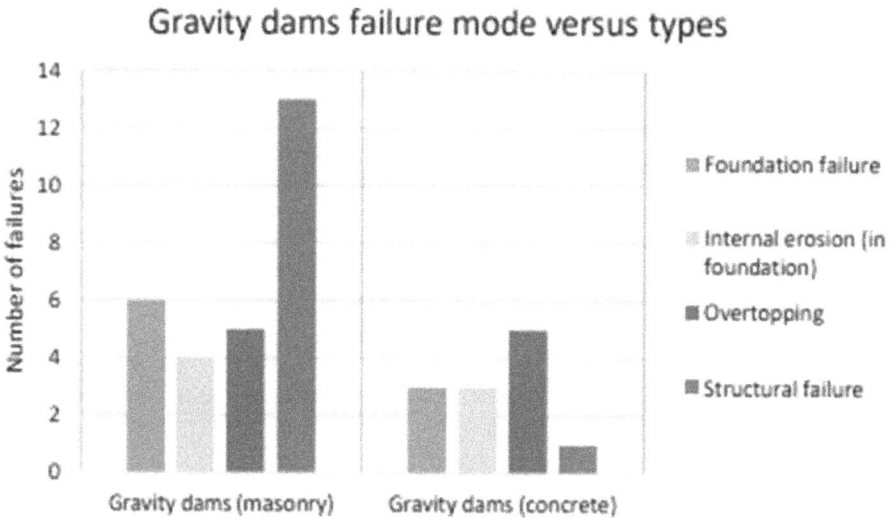

Fig. 10.12
Number of failures according to the gravity dams type and the failure modes

10.2.3. Failure mode <-> Incident context

In Table 10-8 below and Figure 10-13 the results are shown:

Table 10.8
Number of failures by failure modes versus incident context

Failure mode	Normal condition	Flood condition	Earthq. condition	Other extreme load	Hostile human action	Unknown	total	%
Foundation failure	5	2	1	1	0	1	10	17%
Internal erosion (in foundation)	11	2	0	0	0	2	15	25%
Overtopping	0	14	0	0	0	0	14	24%
Structural failure	6	6	0	0	4	0	16	27%
Unknown	0	1	0	0	0	3	4	7%
Total	22	25	1	1	4	6	59	100%

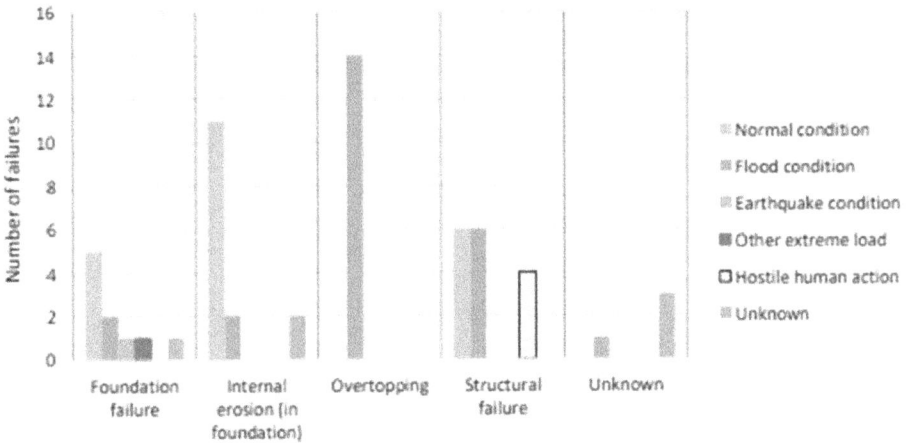

Fig. 10.13
Incident context and Failure mode for rigid dams

From the Figure 10-13 the following conclusions can be drawn:

- Foundation failure occurred 10 times and mainly in normal condition.

- Internal erosion (in foundation) failure occurred frequently (overall 15x, 25%) and mostly in normal condition (11x) and only twice during flood condition. In two cases the condition was unknown.

- Overtopping/external erosion failure occurred frequently (14x, 24%), but only during flood condition, which is logical.

- Structural failure occurs 16 times (27%) and is distributed over different conditions (context).

10.2.4. Failure mode analysis conclusions

- Both in absolute and relative numbers most failures occurred in the foundation, either by internal erosion or by structural deficiencies.

- Related to year of construction:

  - Decrease of failures at dams built after 1925,

  - Structural failure mainly occurs at gravity dams made of masonry.

- Related to Age at failure:

  - Most failures in the first decade after construction (0–10 years),

  - After the first decade the number of failures strongly decreases.

- Related to Incident context:

  - Overtopping only in combination with flood conditions,

  - Internal erosion mainly in combination with normal conditions,

  - Structural failure mainly in normal and flood conditions.

11. FAILURE CAUSES

Two categories of causes are available in the database: organizational causes and technical causes.

11.1. ORGANIZATIONAL CAUSES

Organizational causes have been grouped in several main categories:

- Design: 162 cases
- Construction: 18 cases
- Operation: 27
- Maintenance: 10
- Not indicated: 105

About design and construction insufficiency, it should be noted that the design and construction methods can be acceptable at the time of construction, which later proves to be insufficient due to new knowledge from research and experiences. Construction insufficiencies can be a "hidden cause" which may be very difficult to reveal after a failure. Thus, construction insufficiencies may be the cause even though it has not been reported.

In Figure 11-1 below these causes have been detailed by dam types:

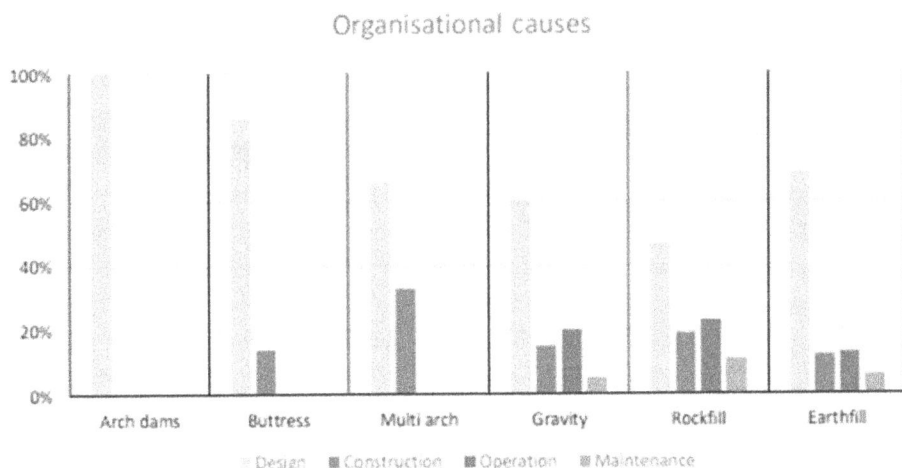

Fig. 11.1
Organizational causes versus dam types

Figure 11-1 indicates a different pattern between two dam types: for arch, buttress and multi arch dams the main cause is design (100% for arch dams), less frequently construction. The main organisational cause for gravity, rockfill and earthfill dams is always design insufficiencies but operation and maintenance stand for 19% to 34% according to the types

The organizational causes versus the age of the dams at failure is shown in the Figure 11-2:

Organisational causes vs age at failure

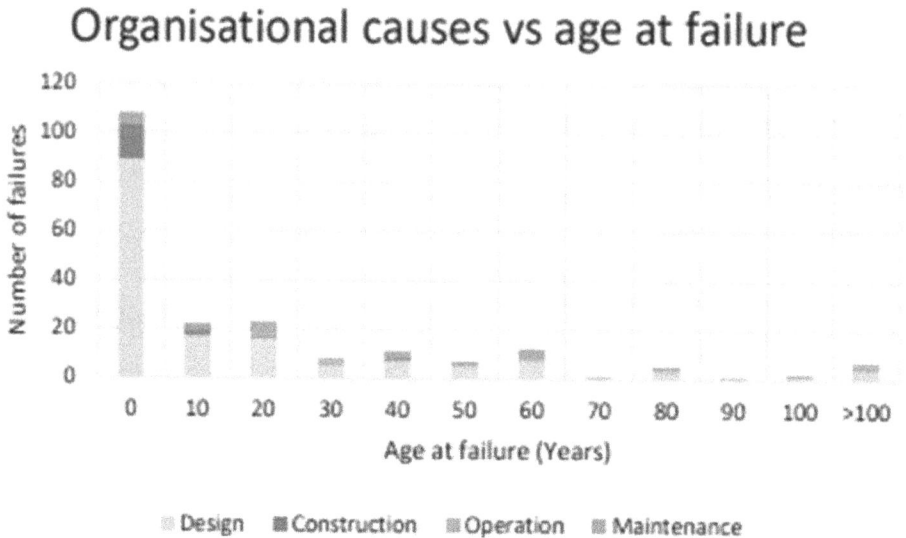

Fig. 11.2
Organisational causes versus age at failure

Design insufficiencies are the main causes of failures, even after 100 years. On the contrary construction insufficiencies have an immediate effect during the first 10 years but is no more a failure cause after 40 years.

11.2.   TECHNICAL CAUSES

Technical causes have been grouped as follows (when several causes were indicated only the first one has been kept):

- Geotechnical concerns: 146 cases

- Hydromechanical failure: 10 cases

- Insufficient spillway capacity (*): 71 cases

- Material ageing: 3 cases

- Structural deficiency: 23 cases

(*) These cases are all related to dam overtopping with three identified causes: insufficient installed capacity (40 cases), insufficient available capacity (13 cases), insufficient freeboard (5 cases) and 13 cases without precision.

Figure 11-3 below presents these technical causes versus the dam types, the first figures with the numbers of dam failures, the second one with the percentage of each technical causes per dam type (making it easier to distinguish the causes). For arch dams the only cause is the geotechnical one referring obviously to the foundation deficiencies (for example Malpasset). Gravity dams are prone to geotechnical and structural failure causes approximately at the same rate. Insufficient spillway capacity or availability also play a role. For Rockfill dams the spillway insufficiency is the more important cause of failure. And finally, for earth-fill dams the geotechnical deficiencies are logically the more important failure cause, spillway insufficiencies being the second one.

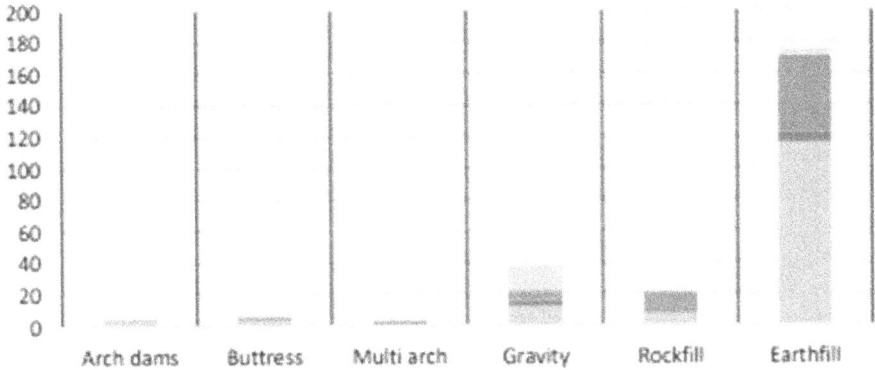

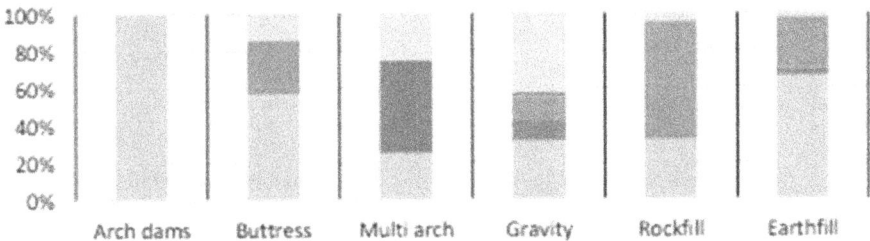

Fig. 11.3
Technical causes of failure versus dams' type in number and ratio

Figure 11-4 presents the repartition of these causes versus the year of construction.

Failures'causes by year of construction

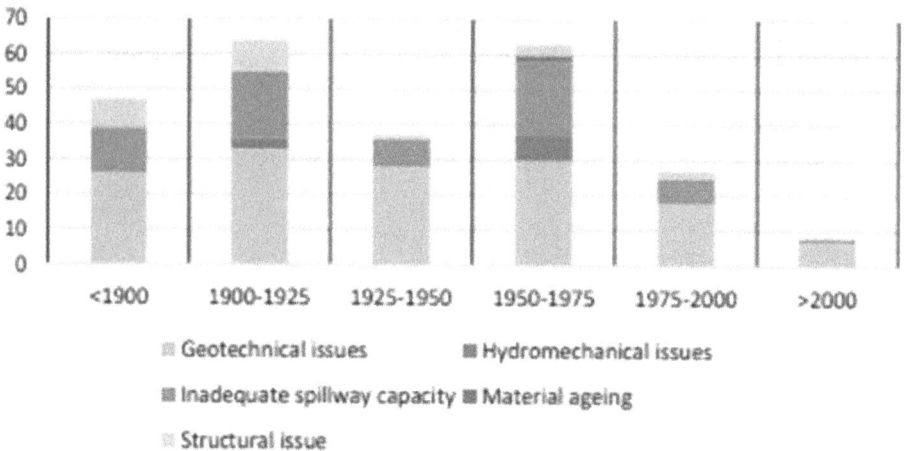

Fig. 11.4
Failures' cause by year of construction

It can be deduced from this figure that dams built before 2000 exhibit roughly the same kind of technical failure causes, with some variations between the periods but with geotechnical issues always being a main cause. For the dams built after 2000 it can be said that the main cause clearly refers to geotechnical deficiencies.

11.3. CONCLUSIONS

Looking at the failure causes versus the period of failures (Figure 11-5), three comments can be made:

- For the last period (since 2000) no structural cause was identified as a failure cause.

- Inadequate spillway capacity has been an important failure cause, and its rate has been growing since the period 1975–2000 up to almost 50% of the failures' cause since 2000.

- This can be explained since many dams were originally designed for a design flood lower than required, because flood data was scarce and flood calculation methods were of "lower standard" than today (so the design floods were underestimated). In addition, in many parts of the world there is a trend that floods are increasing. On the other hand, the structural cause is nowadays less important. An explanation could be that the dams affected by serious structural problems have already failed, and that the dams built after 1975 are better designed.

Ratio of failures per cause and failure period

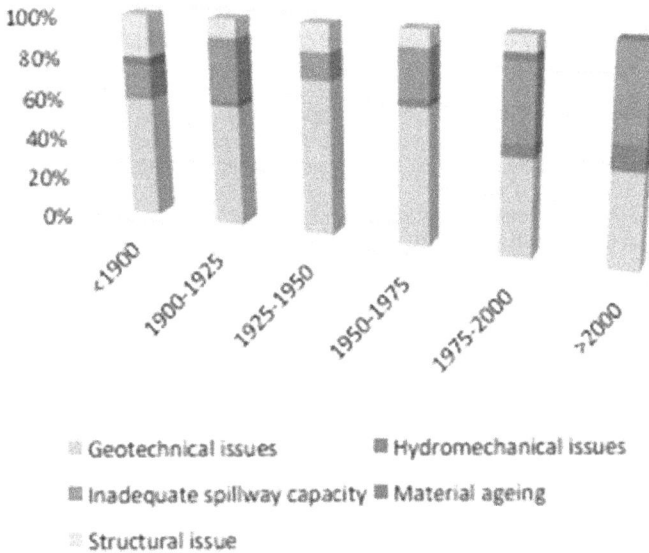

Fig. 11.5
Ratio of failures per cause and failures' period

The relation between organizational causes and technical causes is shown in the Figure 11-6. For the design organisational cause, the geotechnical issues stand for about 2/3 of the failures. For the construction organisational cause, the geotechnical issues and inadequate spillway capacity represent about half of the failures each. For operation and maintenance organisational causes the inadequate spillway capacity is present in about 50% of the failures.

Organisational / Technical causes

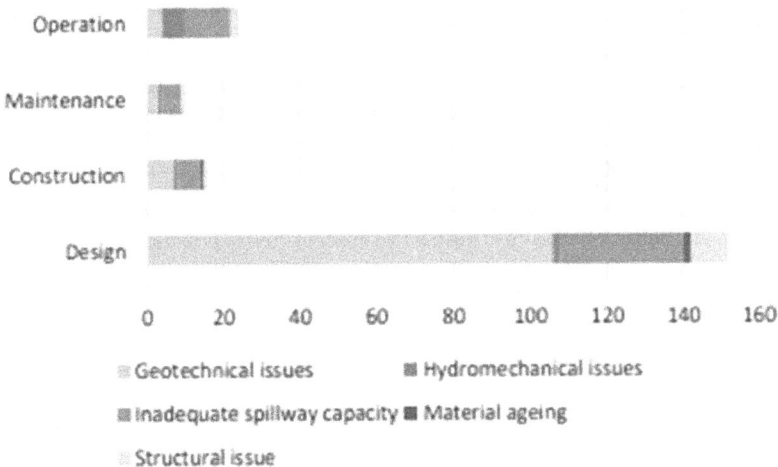

Fig. 11.6
Organizational versus technical causes

12. CONCLUSION

As a conclusion of this update of bulletin 99 "Dam failures - Statistical analysis" it can be stated that:

- Three ICOLD bulletins have been specifically developed for the description and statistical analysis of dam's incidents. The last bulletin was the bulletin 99 issued in 1995. At this date 202 dams' failures were identified by ICOLD "official" documents.

- The present update adds 120 additional failures' cases: 65 occurred before 1993 and 55 in the period 1993–2018.

- There are important differences in the accuracy and reliability of failures' reporting among ICOLD countries, which makes it necessary to discard some data in order not to distort statistical analysis results.

- The ratio of the number of failures divided by the total number of existing large dams decreases continuously from 1.42% during the years 1900–1925 to 0.12% since 2000. However, the ratio of failed dams built during a certain period brings a less positive view. This ratio was 0.29% for the years 1975–1999 and is 0.38% since 2000.

- As it was stated in Bulletin 99, the ten first years of a dam life is still the period where 50% of the failures occur. For arch dams and buttress dams this ratio is 100%.

- For dams' height ranges between 15 and 75 m the ratio of the failures compared to the existing dams of the same height ranges is quite constant. For higher dams it decreases significantly. To date no dam higher than 100 m has failed.

- There is no significant influence of the dam type and of the reservoir size on the failure's ratio. There are too few failures of multiple arch dams and buttress dams to be statistically significant.

- Dams failures occur either during normal operation or during flood events, these two failures' contexts standing for 90% of the failures with flood context being slightly more important. Since 2000, 70% of failures have occurred during flood events.

- The three failure's modes for embankment dams are overtopping (40%), internal erosion (39%) and structural failure (21%).

- For rigid dams, foundation failure and internal erosion in foundation are the dominant modes. Structural failure mainly occurs at gravity dams made of masonry.

- About organisational causes it can be stated that inadequate design or construction are by far the main causes identified for concrete dams of arch, buttress and multi arch types. For the other dams' types (gravity, embankment) inadequate operation during floods appears to have a role in about 20% of failures.

- Technical causes are different according to the dam types: Foundation deficiencies are the dominant cause for arch and buttress dams. For gravity dams made of masonry structural deficiencies of the dam body is an important technical cause. For the other gravity dams structural deficiencies are as important as foundation deficiencies while inadequate spillway capacity is also one of the causes. For earthfill dams the two dominant causes are geotechnical issues (66% of the causes) and spillway inadequate capacity (28%). For rockfill dams these two same dominant causes are distributed differently, geotechnical deficiencies standing for only 32% and inadequate spillway capacity for 64%.

13.   REFERENCES

ICOLD, 1974, Lessons from dam incidents – Leçons tirées des incidents de barrage, ICOLD Publication

ICOLD, 1983, Deterioration of Dams and Reservoir, Examples and their Analysis – Détérioration de barrages et réservoirs, Recueil de cas et analyse, ICOLD Publication

ICOLD, Bulletin 99, Dam Failures, Statistical analysis – Ruptures de barrages, Analyse statistique, ICOLD 1995

ICOLD, Bulletin 82 (Selection of design flood – 1992)

ICOLD, Bulletin 109 (Dams less than 30 m high - Cost savings and safety improvements -1997)

ICOLD, Bulletin 120 (Design features of dams to resist seismic ground motion -2001)

ICOLD, Bulletin 164 (Internal erosion of existing Dams, Levees and Dykes, and their foundations)

Jansen, Robert B. Dams and Public Safety. A Water Resources Technical Publication. U.S. Department of the Interior, Water and Power Resources Service, Denver, CO, 1980

DEFRA - Environment Agency - Evidence report, Lessons from historical dam incidents: Delivering Benefits through evidence - August 2011

USCOLD Lessons from dam incidents USA I (1975) and USA II (1988)

ICOLD World Register of Dams (WRD)

APPENDIX 1 LIST OF ALL DAM FAILURES (UP TO MAY 2018)

Country	Continent	Dam name	Construction Year	Dam type	Height (m)	Height range	Year Incident	Reservoir range (hm³)	Incident context	Incident mode	Organi-sational cause	Technical cause
Algeria	AFRICA	CHEURFAS	1884	PG (M)	42	H3	1885	10-25	NC	FF	BD	GC
Algeria	AFRICA	EL HABRA (B)	1871	PG (M)	35	H3	1881	25-50	UF	SFBD	BD	MA ST
Algeria	AFRICA	EL HABRA (C)	1871	PG (M)	43	H3	1927	25-50	EF	SFBD	BD	II MA
Algeria	AFRICA	SIG	1858	PG (M)	21	H2	1885	1-5	EO	SFBD SFFO	NN	II
Algeria	AFRICA	ST-LUCIEN	1861	TE	27	H2	1862	1-5	NC	IEFO	BD	GC
Algeria	AFRICA	TABIA	1876	TE	25	H2	1865	1-5	F	OT	BD	I
Argentina	AMERICA S.	PRESA FRIAS (PARDO) (ZANJON FRIAS)	1940	ER (CFRD)	15	H2	1970	0-1	EF	OT	BM	II
Armenia	EUROPE	ARTIK	1988	TE (Z)	18	H2	1994	1-5	NC	IESU	NN	GC
Armenia	EUROPE	MARMARIK	1974	TE (Z)	64	H41	1974	void	NC	SFBD	BD BC	GC
Australia	AUSTRAL-ASIA	BEDFORD WEIR	1968	PG	16	H2	2008	10-25	NC	DI	BO	HF
Australia	AUSTRAL-ASIA	BRISEIS	1924	TE	24	H2	1929	1-5	F	OT	BD	II
Australia	AUSTRAL-ASIA	CETHANA	1971	ER (Z)	15,2	H2	1968	void	UF	OT	BC	II
Australia	AUSTRAL-ASIA	KIANDRA	1881	TE	15	H2	1962	void	NC	SF	NN	UN

Country	Continent	Dam name	Construction Year	Dam type	Height (m)	Height range	Year Incident	Reservoir range (hm³)	Incident context	Incident mode	Organisational cause	Technical cause
Australia	AUSTRAL-ASIA	LAANECOORIE	1889	TE/PG	22	H2	1909	5-10	F	OT	BD	-
Australia	AUSTRAL-ASIA	LAKE CAWNDILLA	1961	TE	19	H2	1962	500-1000	NC	IESU	BD	GC
Australia	AUSTRAL-ASIA	LYELL DAM	1982	ER	51	H41	1999	25-50	NC	DI	BO	IA HF
Australia	AUSTRAL-ASIA	OAKY	1956	ER/PG	18	H2	2013	1-5	UF	DI	BO	IA HF
Australia	AUSTRAL-ASIA	REDBANK	1899	VA	16	H2		void	UN	OT	NN	UN
Australia	AUSTRAL-ASIA	RETURN CREEK	1900	TE	19	H2	1967	5-10	UN	OT	NN	UN
Bolivia	AMERICA S.	EL SALTO	1975	TE	15	H2	1976	0-1	NC	IEFO	NN	GC
Brazil	AMERICA S.	ACU (Armando Ribeiro Gonçalves)	1983	TE (Z)	40	H3	1981	>1000	NC	SFBD	BD	GC
Brazil	AMERICA S.	ALGODOES	2005	TE	21,6	H2	2009	50-100	UF	OT	BD	GC
Brazil	AMERICA S.	ARMANDO DE SALLES OLIVEIRA	1958	TE (H)	35	H3	1977	25-50	EF	OT	BD	IF
Brazil	AMERICA S.	BANABUIU	1966	ER	57,7	H41	1961	>1000	UF	SF	BD	GC
Brazil	AMERICA S.	BOA ESPERANCA	1976	TE	17	H2	1977	25-50	NC	OT	BD	GC
Brazil	AMERICA S.	CAMARA	2002	PG (RCC)	50	H41	2004	25-50	NC	FF	BD	GC
Brazil	AMERICA S.	EMA	1932	TE	18,5	H2	1940	5-10	NC	IE	BD	GC
Brazil	AMERICA S.	EUCLIDES DA CUNHA	1960	TE	60	H41	1977	10-25	UF	OT	BO	IA HF
Brazil	AMERICA S.	PAMPULHA	1940	TE	16,5	H2	1954	10-25	NC	IE	BD	GC
Brazil	AMERICA S.	SANTA HELENA	1979	ER (H)	28,5	H2	1985	100-500	NC	SF	NN	UN
Bulgaria	EUROPE	IVANOVO	1962	TE	19	H2	2012	1-5	UF UO	OT	BO BD	IA
Canada	AMERICA N.	BATTLE RIVER	1956	TE	14	H1	1956	10-25	UN	IESU	BD	GC
Canada	AMERICA N.	ERINDALE 1 (CREDIT RIVER)	1906	TE (Z)	15,2	H2	1910	void	UF	OT	BC	II
Canada	AMERICA N.	ERINDALE 2 (CREDIT RIVER 2)	1910	TE (Z)	15,2	H2	1912	void	UF	OT	NN	IF

Country	Continent	Dam name	Construction Year	Dam type	Height (m)	Height range	Year Incident	Reservoir range (hm³)	Incident context	Incident mode	Organisational cause	Technical cause
Canada	AMERICA N.	HINDS LAKE	1980	TE/ER	12	H1	1982	>1000	NC	IEDB	BO	GC
Canada	AMERICA N.	KENOGAMI	1937	TE	21	H2	1996	void	EF	OT	BM	II
Canada	AMERICA N.	LOG FALLS		PG	14	H1	1923	25-50	UN	UN	NN	UN
Canada	AMERICA N.	SCOTT FALLS	1921	TE PG	29	H2	1923	10-25	UF	OT	NN	IF
Canada	AMERICA N.	TESTALINDEN	1937	TE		H1	2010	void	NC	OT	BM	IA
Chile	AMERICA S.	LLIU-LLIU	1934	TE	20	H2	1985	1-5	UQ	SF	NN	ST
Chile	AMERICA S.	MENA	1885	TE	17	H2	1887	0-1	UN	IEDB	NN	GC
China	ASIA	BAIHE (PAIHO)	1960	TE (U)	66,4	H41	1976	>1000	UQ	SF	NN	GC
China	ASIA	BANQIAO	1956	TE	24,5	H2	1975	100-500	EF	OT	BD BO	II IA
China	ASIA	DONGKOUMIAO	1959	TE	22	H2	1971	1-5	NC	IE	NN	GC
China	ASIA	DOUHE	1956	TE (H)	16	H2	1976	void	UQ	SF	NN	GC
China	ASIA	GOUHOU	1989	ER	71	H41	1993	1-5	NC	IEDB	NN	GC
China	ASIA	Hengjiang	1960	TE	48,4	H3	1970	50-100	UN	IE	NN	GC
China	ASIA	Lijiazui	1972	TE	25	H2	1973	1-5	UN	OT	NN	UN
China	ASIA	LIUJATAI	1959	XX	35,9	H3	1963	25-50	F	OT	NN	UN
China	ASIA	MEIHUA	1981	VA (M)	22	H2	1981	0-1	NC	SFBD	BD	ST
China	ASIA	SHIJIAGOU	1973	TE	30	H3	1973	void	F O	OT	NN	IF
China	ASIA	SHIMANTAN	1952	XX	25	H2	1975	50-100	F	OT	BD	II
Colombia	AMERICA S.	DEL MONTE		XX		H1	1976	void	UN	UN	NN	UN
Czechia	EUROPE	BILA DESNA	1915	TE	17	H2	1916	0-1	F	IE	BD BC	GC
Czechia	EUROPE	HUBACOV	1760	TE	6	H1	1974	5-10	UF	OT	BD	II
France	EUROPE	BOUZEY (A)	1880	PG (M)	22,9	H2	1884	5-10	NC	SFFO DI	BD	ST
France	EUROPE	BOUZEY (B)	1880	PG (M)	22,9	H2	1895	5-10	NC	SFBD	BD	ST
France	EUROPE	MALPASSET	1954	VA	66	H41	1959	25-50	UF	SFFO	BD	GC
France	EUROPE	MIRGENBACH	1983	TE	19	H2	1982	void	NC	SFBD	BC	GC
France	EUROPE	MONDELY	1980	TE (H)	24	H2	1981	1-5	NC	SFBD	BC	GC

Country	Continent	Dam name	Construction Year	Dam type	Height (m)	Height range	Year incident	Reservoir range (hm³)	Incident context	Incident mode	Organi-sational cause	Technical cause
France	EUROPE	TUILIERES	1912	PG (M)	31	H3	2006	1-5	NC	DI	BM	HF
Germany	EUROPE	EDER	1914	PG (M)	48	H3	1943	100-500	HH	SF	NN	ST
Germany	EUROPE	GLASHUETTE	1953	TE	9,5	H1	2002	0-1	EF	OT	BD	II
Germany	EUROPE	MÖHNE	1913	PG (M)	40	H3	1943	100-500	HH	SF	NN	ST
Germany	EUROPE	MULDENBERG	1925	PG (M)	25	H2	1945	5-10	HH	SF	BO	ST
India	ASIA	AHRAURA	1953	TE	26	H2	1953	50-100	UF	IE	BD	GC
India	ASIA	ASHTI	1881	TE (2)	22,5	H2	1933	25-50	NC	SFBD	NN	GC
India	ASIA	BHIMLAT RESERVOIR	1958	CB (M)	17	H2	2008	10-25	UF	OT	BD	II
India	ASIA	CHANG	1963	TE (Z)	15,5	H2	2001	5-10	UQ	SF	NN	GC
India	ASIA	CHIKKAHOLE	1966	PG (M)	30	H3	1972	10-25	F	SFBD	BO/BD/BC	ST
India	ASIA	DANTIWADA	1969	TE PG	61	H41	1973	100-500	EF	OT	BD	I
India	ASIA	DHANIBARA	1975	TE	20,7	H2	1976	50-100	UN	OT	NN	UN
India	ASIA	GARARDA	2009	TE	32	H3	2010	25-50	UN	IE		GC
India	ASIA	GUDDAH	1956	TE	28	H2	1956	void	UN	UN	BC	UN
India	ASIA	GURUJORE	1984	TE PG	12	H1	2004	1-5	EF	IEFO	NN	II
India	ASIA	JASWANT SAGAR	1889	PG (M)	43	H3	2007	25-50	NC	IEFO	NN	GC
India	ASIA	KADDAM	1957	TE	41	H3	1958	100-500	EF	OT	BC	HF 1A
India	ASIA	KAILA	1955	TE	26	H2	1959	10-25	UN	SFFO	BD	GC
India	ASIA	KEDAR NALA	1964	TE	20	H2	1964	10-25	NC	IE	BD	GC
India	ASIA	KHADAKWASLA	1879	PG (M)	33	H3	1961	100-500	EF	OT	NN	ST
India	ASIA	KHARAGPUR	1956	TE	24	H2	1961	50-100	F	OT	BD	II
India	ASIA	KODAGANAR	1983	TE	16	H2	1977	10-25	UF	OT	NN	II
India	ASIA	KOHODIAR (Shetrunji)	1963	TE PG	36	H3	1983	25-50	UN	UN	BD	UN
India	ASIA	KUNDLI	1924	PG (M)	45	H3	1925	1-5	F	SF	BC	ST
India	ASIA	LOWER KHAJURI	1949	TE PG (M)	16	H2	1949	25-50	NC	IEFO	BD BC	GC

Country	Continent	Dam name	Construction Year	Dam type	Height (m)	Height range	Year Incident	Reservoir range (hm³)	Incident context	Incident mode	Organi-sational cause	Technical cause
India	ASIA	MACCHU-II	1972	TE PG (M)	24,7	H2	1979	50-100	UF	OT	BD	≡
India	ASIA	MANIVALI	1975	TE	18,4	H2	1976	1-5	UN	IE	NN	UN
India	ASIA	MITTI	1982	TE	17	H2	1988	10-25	UN	OT	NN	UN
India	ASIA	NANAK SAGAR	1962	TE (H)	16,5	H2	1967	100-500	NC	IEFO	NN	UN
India	ASIA	NANDGAVHAN	1977	PG (M) TE	19	H2	2005	1-5	UF	SFBD	NN	≡
India	ASIA	PAGARA	1927	TE PG (M)	30	H3	1943	50-100	UF	SF	BD	≡
India	ASIA	PALEM VAGU	2008	TE	46	H3	2008	25-50	NC	IEFO	BD	GC
India	ASIA	PANSHET	1961	TE	49	H3	1961	100-500	EF	OT	BC	GC
India	ASIA	TAPPAR	1976	TE (H)	15,5	H2	2001	25-50	UQ	SFBD	NN	GC
India	ASIA	TIGRA	1917	PG (M)	25	H2	1917	100-500	UF	OT	BD	GC
India	ASIA	WAGHAD	1883	TE	32	H3	1883	10-25	UN	OT	NN	UN
Indonesia	ASIA	SEMPOR	1967	ER	54	H41	1967	50-100	F	OT	BD	UN
Indonesia	ASIA	SITU GINTUNG	1932	TE/ER	16	H2	2009	1-5	F	OT	BM	GC
Iran	ASIA	GOTVAND	1977	ER	22	H2	1980	void	UN	OT	BD	UN
Iran	ASIA	SAVEH	1300	PG (M)	25	H2	1380	void	UN	IEFO	NN	ST
Iraq	ASIA	CHAQ-CHAQ	2005	TE	14,5	H1	2006	1-5	F	OT	BD	GC
Iraq	ASIA	DIBBIS (DIBIS)	1966	ER	17	H2	1984	25-50	NC	SFBD	BM	IA
Italy	EUROPE	GLENO	1923	MV PG(M)	29	H2	1923	1-5	NC	SFBD	BD	ST
Italy	EUROPE	RUTTE	1952	MV	15	H2	1965	0-1	NC	IE	NN	GC
Italy	EUROPE	SUBIACO	60	PG (M)	40	H3	1305	void	UN	SFFO	NN	ST
Italy	EUROPE	VAJONT RESERVOIR	1960	VA	265,5	H5	1963	void	NC	NN	BD	GC
Italy	EUROPE	ZERBINO	1924	PG	16	H2	1935	5-10	EF	OT	BD	GC
Japan	ASIA	ASHIZAWA	1912	TE	15	H2	1956	void	EF	OT	BD	≡
Japan	ASIA	FUJINUMA-IKE	1949	TE	18,5	H2	2011	1-5	EQ	SFBD	BD	GC
Japan	ASIA	HEIWA-IKE	1949	TE	19,6	H2	1951	0-1	EF	OT	BD	≡

Country	Continent	Dam name	Construction Year	Dam type	Height (m)	Height range	Year Incident	Reservoir range (hm³)	Incident context	Incident mode	Organisational cause	Technical cause
Japan	ASIA	IRUKA - IKE (A)	1633	TE	26	H2	1868	10-25	UF	OT	BD	GC
Japan	ASIA	KOMORO	1927	CB	15	H2	1928	0-1	NC	FF	BD	GC
Japan	ASIA	OGAYARINDO TAMEIKE	1944	TE	19	H2	1963	0-1	UF UO	OT	BO	II IA
Kenya	AFRICA	SOLAI	1980	TE	25	H2	2018	0-1	UF	IE OT	BD BM	GC
Korea (S)	ASIA	HWACHON	1944	PG	81.4	H42	1951	>1000	HH	DI	NN	UN
Korea (S)	ASIA	HYOGIRI	1940	TE	15,6	H2	1961	0-1	F	IE	NN	UN
Laos	ASIA	NAM AO 7	2017	TE		H1	2017	void	F	UN	NN	UN
Laos	ASIA	XE NAMNOY saddle dam	2018	TE	16	H2	2018	500-1000	UF	IE	NN	UN
Lesotho	AFRICA	MAFETENG	1988	TE	17	H2	1987	void	NC	IESU	BD BC	GC
Libya	AFRICA	GHATTARA	1972	TE	38.5	H3	1977	5-10	UN	IE	BD	GC
Mexico	AMERICA S.	EL ESTRIBON	1946	TE	21	H2	1963	void	NC	SFBD	BD	GC
Mexico	AMERICA S.	LA LAGUNA DAM, HGO	1912	TE	17	H2	1969	25-50	NC	IE	BD	GC
Mexico	AMERICA S.	LA PAZ		TE	10	H1	1976	void	EF	OT	BD	I
Mexico	AMERICA S.	SANTA ANA ACAXOCHITLAN	1910	TE	12	H1	1925	5-10	NC	SF	BD	GC
Mexico	AMERICA S.	SANTA CATALINA		PG (M)	15	H2	1906	void	F	OT	NN	I
Nepal	ASIA	KOSHI (KOSI)	1962	ER		H1	2008	void	UF	OT	NN	UN
Netherlands	EUROPE	Secondary dyke Wilnis	1700	TE	5	H1	2003	10-25	UO	SFBD	BO	GC
New Zealand	AUSTRAL-ASIA	OPUHA	1999	TE	50	H41	1997	50-100	F	OT	BO	UN
New Zealand	AUSTRAL-ASIA	RUAHIHI	1981	ER	32	H3	1981	25-50	NC	IE	NN	GC
Nigeria	AFRICA	BAGAUDA	1970	TE	20	H2	1988	10-25	UN	OT	NN	UN

Country	Continent	Dam name	Construction Year	Dam type	Height (m)	Height range	Year Incident	Reservoir range (hm³)	Incident context	Incident mode	Organi- sational cause	Technical cause
Nigeria	AFRICA	CHAM	1992	TE (Z)		H1	1998	5-10	UN	OT IE SFBD	BD	GC
Nigeria	AFRICA	GUSAU		ER	5	H1	2006	void	EF	OT	BO	IA HF
Norway	EUROPE	ROPPA	1975	TE (Z)	9,6	H1	1976	1-5	NC	IEDB	BD BC	GC
Norway	EUROPE	STORVATN DAM	1920	PG	10	H1	1979	1-5	UF	OT	BO	HF IA
Pakistan	ASIA	BOLAN	1960	TE/ER	19	H2	1976	50-100	F	OT	BD	II
Pakistan	ASIA	SHAKIDOR	2003	ER		H1	2005	void	EF	OT	NN	GC
Paraguay	AMERICA S.	RINCON	1945	TE/ER	50	H41	1959	>1000	UN	OT	NN	UN
Philippinas	ASIA	SANTO TOMAS	1951	TE	43	H3	1976	void	UN	OT	NN	UN
Poland	EUROPE	NIEDOW (WITKA)	1962	TE PG	16,7	H2	2010	1-5	F	OT	BO	HF IA
Rhodesia	AFRICA	MSINJE FARM	1970	TE	16	H2	1974	0-1	UN	SF	BD	GC
Romania	EUROPE	BELCI	1963	PG TE	18	H2	1991	10-25	F	OT	BO	HF IA
Russia	EUROPE	NIZHNE SVIRSKAYA	1934	TE	28	H2	1935	>1000	EO HH	SF	BO	GC
Russia	EUROPE	SARGAZONSKAYA	1980	TE	23	H2	1987	1-5	UN	OT	NN	UN
Slovenia	EUROPE	FORMIN	1977	PG TE	49	H3	2012	10-25	F	IEDB	BD	GC
Slovenia	EUROPE	PRIGORICA	1990	TE	9,6	H1	1992	void	NC	IE/SF	BD	GC
South Africa	AFRICA	BELLAIR	1922	TE	16	H2	2003	5-10	EF	OT	BD	II
South Africa	AFRICA	BON ACCORD	1925	TE	18	H2	1937	5-10	NC	SF	BO	GC
South Africa	AFRICA	DADELVLAK		TE		H1	1998	0-1	NC	IE	BD	GC
South Africa	AFRICA	FRY	1967	TE	21	H2	2000	1-5	EF	OT	BD	I
South Africa	AFRICA	GLEN UNA	1983	TE	15	H2	1988	void	EF	OT	NN	II
South Africa	AFRICA	KOOS DE BEER (Welgevonden N°1)	1967	XX	15	H2	2000	0-1	EF	OT	BD	II
South Africa	AFRICA	KRUIN	1982	TE	22	H2	1994	0-1	NC	IEDB IESU	BD BC	GC

Country	Continent	Dam name	Construction Year	Dam type	Height (m)	Height range	Year Incident	Reservoir range (hm³)	Incident context	Incident mode	Organisational cause	Technical cause
South Africa	AFRICA	LEBEA	1963	TE/VA	18	H2	2000	10-25	EF	OT	BD	=
South Africa	AFRICA	LEEU GAMKA	1920	TE	15	H2	1928	5-10	NC	IEDB	BD	GC
South Africa	AFRICA	MAMBEDI LOWER	1985	TE	22	H2	2000	5-10	EF	DI	BD	ST
South Africa	AFRICA	MOLTENO RESERVOIR	1881	TE	15	H2	1882	0-1	NC	IEDB	BD BC	GC ST
South Africa	AFRICA	SMARTT SYNDICATE	1912	TE	28	H2	1961	50-100	UF	IE OT	NN	GC
South Africa	AFRICA	SPITSKOP	1974	TE	19	H2	1988	50-100	EF	OT	BC	=
South Africa	AFRICA	TIERPOORT	1922	TE	19	H2	1988	25-50	EF	OT	NN	=
South Africa	AFRICA	XONXA	1974	TE/ER	48	H3	1972	100-500	UF	OT	BC	=
South Africa	AFRICA	ZOEKNOG		TE	38	H3	1993	5-10	NC	IEDB	BD BC	GC
Spain	EUROPE	FONSAGRADA	1958	MV	20	H2	1987	0-1	NC	DI	BD BC	MA
Spain	EUROPE	GASCO	1796	PG (M)	54	H41	1796	1-5	UF	SF	BD	UN
Spain	EUROPE	GRANADILLAR (Toscón)	1932	PG (M)	26	H2	1934	0-1	UF	IEFO	BD	GC
Spain	EUROPE	ODIEL	1970	ER	35	H3	1968	1-5	UF	OT	BD BO	IF II
Spain	EUROPE	ORJALES	1958	MV (M)	13,1	H1	1994	0-1	NC	SF	BC	MA
Spain	EUROPE	PUENTES II	1791	PG (M)	50	H41	1802	10-25	NC	IEFO	BD	GC
Spain	EUROPE	TOUS	1978	ER	70,5	H41	1982	50-100	UF	OT	BO	IA HF
Spain	EUROPE	VEGA DE TERA	1956	CB (M)	34	H3	1959	5-10	NC	SF	BD	ST
Spain	EUROPE	XURIGUERA	1902	PG (M)	42	H3	1944	1-5	UF	OT	BO	IA
Sri Lanka	ASIA	KANTALE	1869	TE	18,3	H2	1986	100-500	NC	IE	BM	ST
Sweden	EUROPE	HÄSTBERGA	1953	TE	14	H1	2010	1-5	UF	OT	BO BM	IA HF
Sweden	EUROPE	NOPPIKOSKI	1967	TE (Z)	18	H2	1985	0-1	UF	OT	BO	HF II
Sweden	EUROPE	SELSFORS	1944	CB	20	H2	1943	5-10	NC	IEFO SFFO	BD	GC

Country	Continent	Dam name	Construction Year	Dam type	Height (m)	Height range	Year Incident	Reservoir range (hm³)	Incident context	Incident mode	Organisational cause	Technical cause
Syria	ASIA	ZEIZOUN	1999	ER/TE (Z)	32	H3	2002	50-100	F	OT	NN	UN
Taiwan	ASIA	SHIH KANG	1997	PG	25	H2	1999	1-5	EQ	SFFO	BD	ST
Turkey	EUROPE	ELMALI I	1892	PG(M) TE	23	H2	1916	1-5	F	OT	NN	UN
Ukraine	EUROPE	BABII YAR		TE		H1	1961	0-1	UF	OT	BD	UN
Ukraine	EUROPE	DNJEPROSTROJ (A)	1932	PG	43	H3	1941	>1000	HH	SFBD	NN	UN
United Kingdom	EUROPE	BALDERHEAD	1965	TE/ER	48	H3	1967	10-25	NC	IEDB	BD	GC
United Kingdom	EUROPE	BILBERRY	1845	TE	20	H2	1852	0-1	EF	OT	BD	GC I
United Kingdom	EUROPE	BLACKBROOK I	1797	TE	28	H2	1799	0-1	NC	IESU SF OT	BD	GC
United Kingdom	EUROPE	BLACKBROOK II	1801	PG (M)		H1	1804	void	UN	UN	BD	GC
United Kingdom	EUROPE	COETDY	1924	ER	11	H1	1925	0-1	EF	OT	NN	UN
United Kingdom	EUROPE	DALE DYKE	1863	TE	29	H2	1864	1-5	NC	SFBD OT	BD	GC
United Kingdom	EUROPE	EIGIAU	1908	PG	10,7	H1	1925	1-5	NC	IEFO	BD BC	ST
United Kingdom	EUROPE	KILLINGTON	1820	TE	18	H2	1836	1-5	UN	OT	NN	UN
United Kingdom	EUROPE	LAMBIELETHAM	1899	TE	15	H2	1984	void	UF	IEDB	BD	GC
United Kingdom	EUROPE	MAICH WATER	1850	TE	9	H1	2008	0-1	UF	OT	BD	=
United Kingdom	EUROPE	NANT Y GRO	1900	PG (M)	9,1	H1	1942	0-1	NC	SF	NN	ST

Country	Continent	Dam name	Construction Year	Dam type	Height (m)	Height range	Year Incident	Reservoir range (hm³)	Incident context	Incident mode	Organisational cause	Technical cause
United Kingdom	EUROPE	RHODESWORTH	1855	TE	21	H2	1852	1-5	UN	UN	NN	UN
United Kingdom	EUROPE	TORSIDE	1855	TE	31	H3	1854	5-10	UN	OT	NN	UN
United Kingdom	EUROPE	WARMWITHENS	1870	TE	10	H1	1970	0-1	NC	IESU	BD	GC
United Kingdom	EUROPE	WHINHILL	1828	TE	12	H1	1835	0-1	UF	IEDB	BD	GC
USA	AMERICA N.	ALEXANDER	1930	TE	29	H2	1930	1-5	NC	SF	BC	GC
USA	AMERICA N.	ANACONDA	1898	TE	22	H2	1938	0-1	UN	IE	NN	GC
USA	AMERICA N.	ANGELS		PG (M)	15,6	H2	1895	void	UN	IEFO	NN	GC
USA	AMERICA N.	APISHAPA	1920	TE (H)	35	H3	1923	10-25	NC	IEDB	BC	GC
USA	AMERICA N.	ASHLEY DAM (PITTSFIELD)	1908	CB	18	H2	1909	0-1	NC	IEFO	BD	GC
USA	AMERICA N.	AUSTIN I	1893	PG (M)	18,3	H2	1893	void	NC	SFFO	NN	ST
USA	AMERICA N.	AUSTIN II	1915	CB (M)	20,7	H2	1915	10-25	F	OT	NN	UN
USA	AMERICA N.	AUSTRIAN DAM (Lake Elsman)	1950	TE (H)	56,4	H41	1989	5-10	EQ	SFBD	NN	GC
USA	AMERICA N.	AVALON I	1889	TE/ER	17,5	H2	1893	void	UF	OT	NN	II
USA	AMERICA N.	AVALON II	1894	TE/ER	18	H2	1905	void	NC	IE	NN	GC
USA	AMERICA N.	B.EVERETT JORDAN	1974	TE (Z)		H1	1972	50-100	UN	IE	BD	GC
USA	AMERICA N.	BALDWIN HILLS	1951	TE	71	H41	1963	10-25	NC	IEFO SFBD	NN	GC
USA	AMERICA N.	BALSAM	1927	TE	18	H2	1929	void	UF	OT	BD	GC
USA	AMERICA N.	BAYLESS II	1909	PG	15,8	H2	1910	1-5	UF	SFFO	BD	ST
USA	AMERICA N.	BIG BAY	1992	TE	17,4	H2	2004	25-50	NC	IESU	BD BC BM	GC

Country	Continent	Dam name	Construction Year	Dam type	Height (m)	Height range	Year Incident	Reservoir range (hm³)	Incident context	Incident mode	Organisational cause	Technical cause
USA	AMERICA N.	BLACK ROCK (ZUNI)	1907	ER	21	H2	1909	10-25	NC	IE	BD	GC
USA	AMERICA N.	BULLY CREEK	1913	ER (Z)	38,1	H3	1925	10-25	UF	OT	BC	II
USA	AMERICA N.	CALAVERAS (A)	1918	TE	67	H41	1918	100-500	NC	SF	BD	GC
USA	AMERICA N.	CANYON LAKE		TE	7	H1	1972	void	EF	OT	BO	UN
USA	AMERICA N.	CASTLEWOOD	1890	ER	28	H2	1933	1-5	UN	IE OT	NN	UN
USA	AMERICA N.	CAULK LAKE	1950	TE	20	H2	1973	0-1	NC	IE	BD	GC
USA	AMERICA N.	CAZADERO	1906	ER	21	H2	1965	10-25	UF	OT	BD	ST
USA	AMERICA N.	CENTER CREEK NO. 1	1869	TE (H)	19	H2	1973	0-1	UF	OT	BO	IA
USA	AMERICA N.	CHAMBERS LAKE I	1885	TE	15	H2	1891	void	UN	OT	NN	UN
USA	AMERICA N.	CHAMBERS LAKE II	1885	TE	15	H2	1907	5-10	UN	OT	NN	UN
USA	AMERICA N.	CHECHA CREEK		TE	28	H2	1970	10-25	F	OT	NN	UN
USA	AMERICA N.	CORPUS CHRISTI (LA FRUTTA DAM)	1930	TE	19	H2	1930	50-100	NC	IEFO	BD	GC
USA	AMERICA N.	CRYSTAL LAKE	1860	TE	15,2	H2	1961	void	NC	IE	NN	UN
USA	AMERICA N.	CUBA	1851	TE	15,7	H2	1868	0-1	UN	IE	NN	UN
USA	AMERICA N.	D.M.A.D. Dam	1960	TE	10	H1	1983	10-25	EF	SFFO	NN	GC
USA	AMERICA N.	DELHI (Hartwick dam)	1929	TE PG	18	H2	2010	1-5	F	OT	BO BD BM	IA HF
USA	AMERICA N.	DYKSTRA	1903	ER	15,2	H2	1926	void	F	OT	NN	UN
USA	AMERICA N.	ELWHA (Olympic Power Company Dam)	1911	PG (M)	34	H3	1912	25-50	NC	IEFO	BD	GC
USA	AMERICA N.	EMERY (A)	1850	TE	16	H2	1904	0-1	NC	IE	BD	GC

Country	Continent	Dam name	Construction Year	Dam type	Height (m)	Height range	Year Incident	Reservoir range (hm³)	Incident context	Incident mode	Organisational cause	Technical cause
USA	AMERICA N.	EMERY (B)	1948	TE	16	H2	1966	0-1	NC	IE	BD BM	GC
USA	AMERICA N.	ENGLISH	1878	ER	30,5	H3	1883	10-25	NC	UN	NN	GC
USA	AMERICA N.	FORSYTHE	1920	TE	20	H2	1921	void	NC	IESU SFBD	BD	HF
USA	AMERICA N.	FORT PECK	1940	TE	76	H42	1938	>1000	NC	SFFO	BD	GC
USA	AMERICA N.	FRED BURR	1947	TE (2)	16	H2	1948	0-1	NC	IEDB	NN	GC
USA	AMERICA N.	FRUIT GROWERS	1898	TE	12,2	H1	1937	1-5	F	SFBD	BD	GC
USA	AMERICA N.	GALLINAS	1910	PG (M)	29	H2	1957	0-1	F	UN	NN	UN
USA	AMERICA N.	GOOSE CREEK	1900	ER	20	H2	1900	void	F	OT	BD	UN
USA	AMERICA N.	GRAHAM LAKE	1922	TE	34	H3	1923	100-500	UN	IE	BD	GC
USA	AMERICA N.	GREENLICK	1901	TE	19	H2	1904	0-1	NC	IEDB IEFO	BD	GC
USA	AMERICA N.	HATCHTOWN	1908	TE	18,9	H2	1914	10-25	NC	IE	NN	UN
USA	AMERICA N.	HAUSER LAKE I	1906	XX	21	H2	1908	50-100	NC	IEFO	BD	GC
USA	AMERICA N.	HAUSER LAKE II	1911	PG (M)	40	H3	1969	100-500	UN	UN	NN	UN
USA	AMERICA N.	HEBRON (A)	1913	TE	17	H2	1914	void	NC	IEDB	BD	GC
USA	AMERICA N.	HEBRON (B)	1913	TE	17	H2	1942	void	NC	SF OT	BD	GC
USA	AMERICA N.	HELL HOLE (lower)	1966	ER	30	H3	1964	100-500	UF	OT	BC	=
USA	AMERICA N.	HORSE CREEK	1912	TE	16,9	H2	1914	10-25	UN	IE	NN	GC
USA	AMERICA N.	JACKSON'S BLUFF	1930	TE	9	H1	1957	25-50	EF	SFBD	BM	GC
USA	AMERICA N.	JENNING CREEK N° 16	1960	TE	17	H2	1964	0-1	EF	IEFO	BD	GC
USA	AMERICA N.	JENNING CREEK N° 3	1962	TE	21	H2	1963	0-1	NC	IEFO	BD	GC
USA	AMERICA N.	JULESBURG (B)	1905	TE	18	H2	1910	25-50	NC	IEFO	BD	GC
USA	AMERICA N.	KA LOKO	1890	TE/ER	15	H2	2006	void	F	OT	BM	IA

Country	Continent	Dam name	Construction Year	Dam type	Height (m)	Height range	Year Incident	Reservoir range (hm³)	Incident context	Incident mode	Organisational cause	Technical cause
USA	AMERICA N.	KELLY BARNES	1899	TE	13	H1	1977	0-1	UF	SFBD	BD	GC
USA	AMERICA N.	KETNER	1911	TE	13,7	H1	1912	void	F	OT	NN	UN
USA	AMERICA N.	LAKE BARCROFT DAM	1913	PG TE	22,5	H2	1972	1-5	F	OT	BD	UN
USA	AMERICA N.	LAKE DELTON	1926	ER	9	H1	2008	1-5	EF	OT	NN	I
USA	AMERICA N.	LAKE FRANCIS I	1899	TE	15	H2	1899	0-1	NC	IEDB	NN	UN
USA	AMERICA N.	LAKE HEMET	1893	TE	45	H3	1927	10-25	UF	OT	BD	I
USA	AMERICA N.	LAKE LITCHFIELD	1975	TE (H)	19	H2	1975	500-1000	NC	SFBD	BC	GC
USA	AMERICA N.	LAKE TOXAWAY	1902	TE	18,9	H2	1916	10-25	NC	IEDB	BD	GC
USA	AMERICA N.	LAKE VERA	1880	ER	15	H2	1905	void	UN	OT	NN	UN
USA	AMERICA N.	LAKE WAXAMACHIE	1956	TE		H1	1968	void	UN	SFBD	BD	GC
USA	AMERICA N.	LAUREL RUN	1919	TE	13	H1	1977	0-1	EF	OT	BD	II
USA	AMERICA N.	LITTLE DEER CREEK	1962	TE	26	H2	1963	1-5	NC	IEDB	BD	GC
USA	AMERICA N.	LITTLE FIELD	1929	ER	37	H3	1929	void	NC	SFBD	BD	GC
USA	AMERICA N.	LONG TOM	1906	TE	18	H2	1916	void	NC	IESU	BD	GC
USA	AMERICA N.	LOOKOUT SHOALS	1915	TE	25	H2	1916	25-50	UF	OT	BD	II
USA	AMERICA N.	LOWER IDAHO FALLS	1914	ER/PG	15,2	H2	1976	void	EO	OT	NN	II
USA	AMERICA N.	LOWER OTAY	1901	ER	46,6	H3	1916	50-100	UF	OT	NN	I
USA	AMERICA N.	LOWER SAN FERNANDO DAM (B)	1921	TE	43	H3	1971	25-50	UQ	SFBD	BD	GC
USA	AMERICA N.	LYMAN (A)	1913	TE	20	H2	1915	25-50	NC	IEFO	BD	GC
USA	AMERICA N.	MAMMOTH	1916	TE	23	H2	1917	10-25	UF	OT	BD	II

Country	Continent	Dam name	Construction Year	Dam type	Height (m)	Height range	Year Incident	Reservoir range (hm³)	Incident context	Incident mode	Organisational cause	Technical cause
USA	AMERICA N.	MANCHESTER		XX (M)	15.2	H2	1902	void	UN	IEFO	NN	UN
USA	AMERICA N.	MASTERSON	1950	TE/ER	18	H2	1951	void	UF	IEDB	BD	GC
USA	AMERICA N.	MC MAHON GULCH	1924	TE	17	H2	1926	0-1	UF	OT	BD	GC
USA	AMERICA N.	MEADOW POND	1990	ER	12	H1	1996	void	UO	IEDB	BD BC	GC
USA	AMERICA N.	MILL CREEK CALIFORNIA	1899	TE	20	H2	1957	0-1	NC	IEDB	BD BM	GC ST
USA	AMERICA N.	MILL RIVER	1865	TE	13	H1	1874	void	NC	IE SFDB	BD	GC
USA	AMERICA N.	MOUNT PISGAH	1910	TE	23	H2	1928	void	NC	SFBD	BD BO	GC
USA	AMERICA N.	MOVIE DAM / EILEEN DAM	1923	VA	16	H2	1925	0-1	F	OT	NN	GC
USA	AMERICA N.	NORTH LAKE	1957	TE	20	H2	1974	0-1	UN	SF	BD	GC
USA	AMERICA N.	OVERHOLSER	1918	CB/ER	17	H2	1923	10-25	F	OT	BD	–
USA	AMERICA N.	OWEN	1915	TE	17	H2	1914	50-100	UN	IE	BD	GC
USA	AMERICA N.	PROSPECT		TE	14	H1	1980	5-10	NC	IE	NN	GC
USA	AMERICA N.	QUAIL CREEK DIKE	1985	TE	24	H2	1989	25-50	NC	IE	BD	GC
USA	AMERICA N.	RED ROCK DAM (Turkey Creek)	1910	TE (U)	32	H3	1910	10-25	F	OT	NN	=
USA	AMERICA N.	SAINT FRANCIS	1926	PG	62.5	H41	1928	25-50	NC	IEFO SFFO	BD BC	GC
USA	AMERICA N.	SALUDA (LAKE MURRAY)	1930	TE	63	H41	1930	>1000	UN	IE SFBD	BD	GC
USA	AMERICA N.	SCHAEFFER	1911	TE	30	H3	1921	void	F	SFBD OT	NN	UN
USA	AMERICA N.	SEPULVEDA CANYON	1909	TE (Z)	20	H2	1914	void	UF	OT	BD	=

Country	Continent	Dam name	Construction Year	Dam type	Height (m)	Height range	Year Incident	Reservoir range (hm³)	Incident context	Incident mode	Organi-sational cause	Technical cause
USA	AMERICA N.	SHEEP CREEK DAM	1969	TE	18	H2	1970	1-5	UF	IESU	BD	HF
USA	AMERICA N.	SILVER LAKE	1896	TE	9	H1	2003	void	F	OT	BD	I
USA	AMERICA N.	SINKER CREEK	1919	TE	21	H2	1943	1-5	UN	IE	BD	GC
USA	AMERICA N.	SNAKE RAVINE	1893	XX	19	H2	1898	void	UN	UN	BC	UN
USA	AMERICA N.	SOUTH FORK	1852	TE/ER	22	H2	1889	10-25	F	OT	BD BO	II
USA	AMERICA N.	STANLEY	1912	TE	34	H3	1916	50-100	UN	SF	BD	GC
USA	AMERICA N.	STOCKTON CREEK	1949	TE	29	H2	1950	0-1	UN	SF IE	BD BC	GC ST
USA	AMERICA N.	STONY RIVER	1913	CB	16	H2	1914	5-10	NC	IEFO SFFO	BD BC	GC
USA	AMERICA N.	SWEETWATER MAIN	1888	TE	36	H3	1916	25-50	UN	OT	NN	UN
USA	AMERICA N.	SWIFT	1914	ER TE	57	H41	1964	25-50	F	OT	BD	II
USA	AMERICA N.	TABLE ROCK COVE	1927	TE	43	H3	1928	25-50	NC	IE	BD	GC
USA	AMERICA N.	TAUM SAUK	1960	TE/ER	25	H2	2005	void	NC	OT	BO	HF IF IA
USA	AMERICA N.	TERRACE	1912	TE	48	H3	1957	10-25	NC	IE	BD	GC
USA	AMERICA N.	TETON	1976	TE/ER	93	H42	1976	100-500	NC	IE	BD BC	GC
USA	AMERICA N.	TOA VACA	1972	TE/ER	66	H41	1970	50-100	UN	OT	NN	UN
USA	AMERICA N.	TORESON	1898	TE	15	H2	1953	1-5	UN	IE	BO	UN
USA	AMERICA N.	TUPELO BAYOU	1973	TE	15	H2	1973	1-5	NC	SF IE	BD	GC
USA	AMERICA N.	UTICA	1873	TE	21	H2	1902	void	UN	SF	NN	GC
USA	AMERICA N.	VAUGHN CREEK	1926	VA	19	H2	1926	void	NC	IEFO SF	BD	GC
USA	AMERICA N.	WACHUSETT NORTH DIKE	1904	TE	25	H2	1907	100-500	NC	SFBD	NN	GC
USA	AMERICA N.	WAGNER (Wagner Creek)	1918	TE	15	H2	1938	0-1	NC	IESU	NN	ST

Country	Continent	Dam name	Construction Year	Dam type	Height (m)	Height range	Year Incident	Reservoir range (hm³)	Incident context	Incident mode	Organi- sational cause	Technical cause
USA	AMERICA N.	WALNUT GROVE	1888	ER	33	H3	1890	10-25	UF	OT	NN	UN
USA	AMERICA N.	WALTER BOULDING DAM	1967	TE	50	H41	1972	void	NC	SFBD	BM	GC
USA	AMERICA N.	WAVERLY	1880	TE	21	H2	1973	0-1	NC	SFBD	NN	GC
USA	AMERICA N.	WHITEWATER BROOK UPPER	1949	TE	19	H2	1972	0-1	UF	OT IESU SFBD	BC	GC
USA	AMERICA N.	WISCONSIN DELLS	1909	TE	18	H2	1911	10-25	F	OT	NN	–
USA	AMERICA N.	WOODRAT KNOB	1956	TE	26	H2	1961	5-10	NC	SFBD	BD	GC
USA	AMERICA N.	WYANDOTTE COUNTY (=Marshall Creek)	1941	TE	28	H2	1937	5-10	NC	SFFO	BD	GC
Venezuela	AMERICA S.	EL GUAPO (FERNANDO TRIAS - EL GUAPO)	1980	TE (Z)	60	H41	1999	100-500	UF	OT	BD	IF
Vietnam	ASIA	HA DONG	2011	TE	27,5	H2	2014	10-25	UF	OT	NN	–
Vietnam	ASIA	KREL 2	2013	TE (H)	27	H2	2014	void	UF	OT	BD BC	GC
Yugoslavia	EUROPE	IDBAR	1959	VA	39	H3	1959	1-5	NC	IEFO	BD	GC
Yugoslavia	EUROPE	OVCAR BANJA	1952	TE/PG	27	H2	1965	1-5	EF	OT	BO	=
Zambia	AFRICA	MUZUMA	1969	PG	15	H2	1969	void	F	OT	BD BC	ST

1. CONTENU DU BULLETIN

Ce bulletin comprend :

- Les sources des cas de ruptures et les commentaires sur la base de données utilisée pour les analyses ;

- La description du contenu de chaque enregistrement incluant les caractéristiques du barrage et la description de la rupture ;

- Analyses statistiques :

  - Des statistiques de base sur la répartition des ruptures sur le plan géographique et dans le temps, l'influence de l'année de construction, l'âge au moment de la rupture, le type de barrage, la hauteur et le volume du réservoir. Des analyses par rapport au nombre de barrages existants sont également présentées. Cette partie du bulletin constitue une mise à jour du bulletin 99 ;

  - Statistiques concernant les contextes de rupture, les modes de défaillance et les causes possibles. Ces analyses sont nouvelles et méritent l'attention, car elles apportent des informations précieuses sur les ruptures.

- Un tableau de tous les cas de rupture.

1.1. DÉFINITION D'UNE RUPTURE

Pour caractériser un incident de barrage comme une rupture, la définition suivante a été retenue.

Une rupture est un incident catastrophique caractérisé par :

- une libération incontrôlée de l'eau de la retenue ;

- et/ou par une perte totale d'intégrité de la structure du barrage, de ses fondations ou de ses appuis.

En ajoutant la "perte totale d'intégrité" à la définition de la rupture, des cas tels que le glissement de la recharge amont du barrage de Van Norman pendant le séisme de San Fernando, bien qu'il n'ait pas entraîné de déversement incontrôlé d'eau, sont retenus comme une rupture, ce qui est logique. "Perte totale d'intégrité" peut parfois donner lieu à une interprétation subjective et le groupe de travail a collectivement fait de son mieux pour trier les incidents en fonction de cette définition.

Seules les ruptures de "grands" barrages ont été retenues, selon la définition donnée dans le Registre Mondial des Barrages (WRD) de la CIGB, c'est-à-dire que les barrages dont la hauteur $H > 15$ m au-dessus de sa fondation ou $H > 5$ m ET $V > 3 \cdot 10^6 m^3$. Cependant, certains barrages plus petits ont été inclus dans la base de données lorsque des leçons utiles pouvaient être tirées de leurs ruptures.

Chaque cas de rupture est lié à un événement ayant occasionné une rupture (et non à un barrage). Cela signifie que plusieurs cas de rupture peuvent concerner le même barrage si plusieurs ruptures se sont produites (à condition que le barrage ait été réparé ou reconstruit entre les cas de ruptures). Ces différents cas sont indiqués par "(A), (B)", etc. après le nom du barrage dans le tableau de l'annexe 1.

Les accidents liés aux ouvrages de sûreté (déversoirs, vannes, vidanges de fond) et aux ruptures des digues de stériles (construites avec des résidus miniers) n'ont pas été inclus dans ce bulletin.

1.2. SOURCES DES DONNÉES

Les analyses présentées dans ce bulletin sont basées sur 1) les données existantes sur les cas d'incidents disponibles dans les bulletins de la CIGB 2) les données existantes dans d'autres publications de la CIGB et auprès d'organismes institutionnels (comités nationaux, agences gouvernementales), 3) les nouveaux cas identifiés et documentés par le groupe de travail.

1.2.1. Documentation existante de la CIGB

Les publications de la CIGB consacrées aux incidents de barrage et utilisées pour ce bulletin sont les suivantes :

- **Lessons from Dam Incidents** (1974) : 266 cas d'incidents de "grands barrages" (avant le 1-1-1966) sont répertoriés, dont environ cas 90 de rupture; chaque cas est documenté, en anglais et en français, avec une brève description des caractéristiques du barrage, des conditions de la rupture, des conséquences et des mesures correctives éventuelles. Certains cas font l'objet d'une enquête plus approfondie (MALPASSET, SAINT FRANCIS, VAJONT, etc.) que d'autres. En début de bulletin, de nombreuses analyses statistiques sont présentées, en fonction des dommages, des types de barrages, etc. En outre, plusieurs chapitres donnent des informations plus détaillées sur des ruptures "emblématiques" et d'autres chapitres fournissent des recommandations sur la conception des barrages et de leurs fondations.

- **Deterioration of Dams and Reservoir - Examples and their Analysis** (décembre 1983) : Cette publication est une actualisation de "Lessons from Dam Incidents" et son contenu est similaire; elle décrit 1105 cas de détérioration, parmi lesquels 107 sont des ruptures. Un travail très important d'analyse statistique est inclus, traitant séparément les barrages en béton et en maçonnerie, les barrages en terre et en enrochement, les ouvrages annexes et les réservoirs. Toutes les données recueillies après l'enquête, le questionnaire et les codes utilisés pour le type de barrage, le mode de défaillance, les causes des ruptures, etc. sont également disponibles. Les origines des données sont : « Lessons from dam incidents » (CIGB et USCOLD) et les réponses des comités nationaux aux questionnaires.

- **Bulletin 99 : Ruptures de barrages - Analyse statistique** (1995) : Ce bulletin est une mise à jour en 1995, avec des données collectées avant 1993, de l'analyse statistique de "Lessons from Dam Incidents", mais uniquement pour les cas de rupture. Un tableau de 179 ruptures est présenté, avec des informations synthétiques sur chaque barrage. Le comité en charge de ce bulletin avait préparé plusieurs listes de codes pour le type de barrage, les types de ruptures, l'occasion des ruptures, les causes des ruptures et les mesures correctives. Il n'y a pas de description détaillée des différentes ruptures dans le bulletin.

1.2.2. Autres sources existantes

L'objectif de la mise à jour du Bulletin 99 était d'étendre l'inventaire des ruptures précédemment connues en incluant les ruptures connues survenues après 1992. À cet effet, d'autres publications existantes, émanant soit de la CIGB, soit des comités nationaux ou d'autres organisations officielles ont été utilisées pour compléter les données répertoriées dans 1.2.1. Ces sources supplémentaires sont :

- Bulletins de la CIGB comprenant une liste ou une description de cas de rupture

    - Bulletin 82 (Choix de la crue de projet - 1992);

    - Bulletin 109 (Barrages de moins de 30 m de hauteur - Économies et sécurité - 1997)

    - Bulletin 120 (aspects de la conception parasismique des barrages - 2001)

    - Bulletin 164 (L'érosion interne dans les digues, barrages existants et leur fondations - 2017)

- D'autres documents publiés par les comités nationaux de la CIGB ou les organismes institutionnels, où l'on peut trouver des informations sur les ruptures de barrages, ont également été utilisés :

    - Jansen, Robert B. - Dams and Public Safety. A Water Resources Technical Publication, U.S. Department of the Interior, Water and Power Resources Service, Denver, CO, 1980.

    - DEFRA - Environment Agency - Evidence report, Lessons from historical dam incidents: Delivering Benefits through Evidence - August 2011.

    - USCOLD Lessons from dam incidents USA I (1975) and USA II (1988).

1.2.3. De nouveaux cas de ruptures ajoutés à partir d'une enquête internationale

Il n'a pas été jugé utile de lancer une enquête auprès de tous les comités nationaux comme cela avait été fait pour les publications précédentes de la CIGB. Le groupe de travail s'est limité à une enquête interne auprès des membres du Comité pour la sécurité des barrages qui représente déjà plus de 30 pays parmi les plus importants en nombre de barrages. En complément, les technologies modernes de l'information ont été utilisées pour rechercher des informations pertinentes sur des ruptures supplémentaires.

1.2.4. Données pour les barrages existants

Certaines analyses sont réalisées en référence au nombre total de barrages existants. La version de septembre 2018 du registre mondial des barrages (WRD) de la CIGB a été utilisée à cet effet pour extraire les informations nécessaires (types et hauteurs de barrages, année de construction,...).

1.3. PROCESSUS DE SÉLECTION DES DONNÉES ET SYNTHÈSE DES CAS DE RUPTURE

1.3.1. Sélection des données

La première action a été de numériser tous les documents disponibles et de les introduire dans une base de données. Cette tâche n'est pas triviale car de nombreux cas de ruptures sont présentés dans différents documents, et il a fallu fusionner les données provenant de ces différentes sources. Cette opération a souvent mis en évidence des divergences, parfois importantes, entre les données fournies dans ces différents documents. En général, la source la plus récente était considérée comme la plus fiable. Lorsqu'il y avait des écarts importants entre les sources, des commentaires étaient ajoutés dans un champ spécifique de la base de données. Une autre difficulté a été de détecter les descriptions de cas en double, certains barrages portant des noms différents dans les différents documents. En outre, on s'est rendu compte au cours de ce travail que certains cas de rupture figurant dans le document de 1974, Lessons from dam incidents, n'étaient plus présents dans les documents suivants et, au contraire, que les documents récents contenaient parfois des ruptures plus anciennes qui n'étaient pas mentionnées dans les premiers documents publiés.

Cependant cette tâche est beaucoup plus aisée qu'il y a 25 ans car le développement de la bureautique facilite grandement ce travail de recherche et de fusion.

Il y a une différence majeure avec le Bulletin 99 car le groupe de travail a cherché à mieux caractériser les ruptures en ajoutant des informations spécifiques sur le "contexte de la rupture", le "mode de défaillance" et la "cause de la rupture". Les codes et définitions sont donnés dans le chapitre 1.4.2.

1.3.2. Synthèse du nombre de cas de ruptures

Le Tableau 1-1 ci-dessous énumère le nombre de cas analysés dans ce bulletin, avec référence aux sources. Le tableau fournit également des informations sur l'année de rupture des nouveaux cas par rapport aux trois publications de base de la CIGB :

Table 1.1
Synthèse du nombre de cas de rupture

Nb de ruptures / année	Avant 1993	1993 - 2018	Total
LFDI, DDAR, B99 (*)	202	0	202
Autres sources institutionnelles	7	34	41
Nouveaux cas issus de l'enquête	58	21	79
Total	267	55	**322**

(*) LFDI : Lessons from Dams Incidents - DDAR : Deterioration of dams and reservoirs - B99 : Bulletin 99

Le nombre total de cas est maintenant de 322, comparé aux 202 cas officiellement recensés par la CIGB avant 1993. Par conséquent 120 nouveaux cas de rupture sont maintenant inclus dans la liste des ruptures de barrages, la plupart d'entre elles provenant de l'enquête menée pour la mise à jour de ce bulletin. Il convient de noter que 65 nouveaux cas concernent des ruptures survenues avant 1993 qui n'étaient pas répertoriées dans les documents mentionnés dans les documents mentionnés au 1.2.1.

Il faut garder à l'esprit que ces cas de rupture ne constituent certainement pas une liste exhaustive. Les rapports de ruptures sont inégaux, comme l'indique clairement l'analyse du chapitre 2. C'est la raison pour laquelle ces analyses statistiques ne peuvent pas être appliquées à toutes les régions du monde sans un examen attentif de la fiabilité des données disponibles pour ces régions.

Pour des raisons pratiques, la liste des ruptures a été arrêtée au cours de l'année 2018, le dernier cas présent dans la liste étant la rupture du barrage de Solai au Kenya (mai 2018). Les nouvelles ruptures ayant eu lieu depuis ne sont pas incluses dans ces 322 cas.

Dans de nombreux résultats statistiques présentés dans ce bulletin, le nombre total de cas est différent de 322. L'explication est très simple : lorsque les données nécessaires à une analyse sont manquantes (pas de période disponible, causes de rupture inconnues, etc.), le nombre de cas conservés pour l'analyse est plus faible. Il en va de même pour le nombre de barrages existants.

Ces 322 cas sont énumérés à l'annexe A.

1.4. CONTENU DES ENREGISTREMENTS POUR CHAQUE CAS DE RUPTURE

La base de données développée pour les besoins de cette mise à jour contient une trentaine de champs pour les caractéristiques du barrage et la description de la rupture. De nombreux champs contiennent des valeurs numériques ou des codes mais certains sont des "textes libres". Tous les champs n'ont pas été utilisés dans les analyses statistiques mais sont néanmoins importants pour la compréhension et la validation.

1.4.1. Données sur les barrages

- Données sur les barrages

    - Avant 1900

    - Entre 1901 et 1925

    - Entre 1926 et 1950

    - Entre 1951 et 1975

    - Entre 1976 et 2000

    - Après 2000

- Caractéristiques du barrage et du réservoir : type de barrage, hauteur, fourchette de hauteur (voir chapitre 6), longueur de la crête, type de fondation, volume du corps du barrage, volume du réservoir. Le type et les destinations du barrage utilisent le même code que le Registre de la CIGB et sont rappelés dans le tableau ci-dessous :

Type de barrage (*)		Destination de l'aménagement (**)
VA	Barrage voûte	I - irrigation
MV	arc multiple	C - protection contre les inondations, régulation
PG	barrage poids	R - loisirs
CB	Barrage à contreforts	H - production d'énergie hydroélectrique
TE	barrage en remblai	F - Pisciculture
ER	Barrage en enrochement	N - navigation
BM	Barrage mobile en rivière	S - approvisionnement en eau
XX	non listé	X - non listé ci-dessus

(*) PG (M) ou VA (M) pour les barrages en maçonnerie.

(**) Pour les barrages à usages multiples, plusieurs codes sont possibles (par exemple : IH)

Pour les barrages en remblai et en enrochement, des informations sur le type de section ont été ajoutées lorsqu'elles étaient disponibles : (Z) pour barrage zoné, (U) pour parement étanche amont, (H) pour homogène. Certains barrages sont constitués de plusieurs tronçons longitudinaux de types différents. Dans ce cas, plusieurs types sont indiqués (ER/PG, ou TE/ER par exemple) mais seul le premier type a été retenu pour les analyses. Dans le cas contraire l'interprétation des résultats n'aurait pas été aisée. On a vérifié que cette simplification n'a pas affecté les résultats finaux.

De nombreux barrages de la base de données sont également répertoriés dans le Registre Mondial des Barrages de la CIGB (WRD) et, dans la mesure du possible, les données de cette section sont celles du WRD. Si des écarts importants existent entre le WRD et les données d'autres publications de la CIGB, ils sont documentés dans un champ spécifique de la base de données. Ces écarts s'expliquent souvent lorsque d'importants travaux de réparation ont eu lieu après l'incident.

Pour certains barrages, le pays indiqué dans les sources de données précédentes n'est plus valable en raison de changements géopolitiques. Lorsqu'il n'y a pas de doute, le nouveau pays est indiqué, mais l'ancien est noté dans la base de données.

1.4.2. Données sur les ruptures

Les informations disponibles sont :

- Année de l'incident (les années de rupture ont été classées de la même manière que les années de construction)

- Type d'incident, avec les codes suivants :

Type d'incident	Description
A1	Accident survenu à un barrage en service depuis un certain temps, mais dont on a pu éviter la rupture grâce à des mesures correctives immédiates, y compris la vidange du réservoir
A2	Accident survenu à un barrage pendant le remplissage initial du réservoir mais dont on a pu éviter la rupture grâce à des mesures correctives immédiates, y compris la vidange du réservoir.
A3	Accident survenu à un barrage pendant sa construction, par exemple suite au tassement des fondations, un glissement de talus, etc., qui s'est produit avant le remplissage du réservoir et où les mesures correctives ont permis le remplissage ultérieur du réservoir en toute sécurité.
A4/F4	Accident (A4) ou Rupture (F4) d'ouvrages annexes : déversoir, vannes, batardeaux, etc.) qui n'a pas conduit à un incident (rupture ou accident) du barrage.
F1	Rupture majeure impliquant l'abandon complet du barrage.
F2	Rupture grave mais qui a pu être réparée avec remise en service du barrage.
F3	Perte totale d'intégrité sans libération d'eau.

- Époque de l'incident, avec les codes suivants

Époque de l'incident	Description
T1	Pendant la construction ou des travaux majeurs de réhabilitation/mise à niveau
T2	Lors du premier remplissage
T3	Pendant les cinq premières années
T4	Après cinq ans
T5	Non disponible

• Contexte de l'incident

Ce champ définit le mode d'exploitation au moment où l'incident s'est produit. Les codes sont les suivants :

Contexte de l'incident	Description
NC	Condition d'exploitation normale
UF	Crues inhabituelles (*)
UQ	Séisme
UO	Autre cas/risque naturel inhabituel
EF	Crue extrême (*)
EQ	Séisme majeur
EO	Autre cas/risque "naturel" extrême (y compris glissements de terrain dans le réservoir, rupture de barrage en amont)
HH	Action hostile
ONU	Inconnu

(*) Le terme "crue inhabituelle" représente une crue importante mais restant inférieure à l'hypothèse de conception. Le terme "crue extrême" désigne une crue supérieure à l'hypothèse de conception.

• Mode de défaillance : Afin de trier les différents cas intéressants on a retenu un nombre limité de modes de défaillance :

Mode de défaillance		Description
OT		Submersion de la crête - Érosion externe
IE (*) Érosion interne ou étanchéité insuffisante	IEDB	IE / fuite dans le corps du barrage
	IEFO	IE / fuite dans les fondations
	IESU	Érosion de surface / fuites qui se produisent aux interfaces dans le barrage ou entre le barrage et sa fondation.
SF (*) Rupture structurelle	SFBD	Mouvement de masse (glissement, basculement, tassement dans le corps du barrage)
	SFFO	Perte d'appui (de la fondation, de la culée)
UN		Inconnu ou peu clair
DI		Désordres importants (perte partielle de l'intégrité)

(*) code générique qui n'est utilisé que si aucune information n'est disponible sur un mode d'incident plus détaillé

• Nombre de victimes (parfois le nombre précis n'est pas connu et seule une fourchette "mini-maxi" est disponible).

• Description de la rupture : description du scénario de la rupture,

• Les causes de la rupture : le Bulletin 99 présente une analyse des causes de rupture, mais toutes ces causes étaient des causes "techniques", alors qu'il est aujourd'hui reconnu que les problèmes d'organisation ou de comportement humain sont à l'origine de nombreuses ruptures. Enfin, trouver les bonnes causes nécessite une analyse minutieuse qui n'a été réalisée de manière rigoureuse que pour certaines des ruptures les plus importantes. Pour cette mise à jour, le groupe de travail a identifié deux catégories de causes :

– Causes liées à des questions d'organisation ou au comportement humain

BD	Insuffisances de conception
BC	Insuffisances de la construction
BM	Entretien ou surveillance
BO	Fonctionnement inadéquat (y compris les vannes du déversoir)
NN	Aucun ou peu clair

– Causes liées à des causes internes (problèmes techniques, barrières de défense inefficaces).

GC	Causes géotechniques
ST	Causes structurelles
MA	Vieillissement des matériaux
IF	Submersion en raison d'un franc-bord inadéquat
IA	Submersion (OT) due à une capacité disponible inadéquate (y compris le dysfonctionnement des vannes)
II	Submersion (OT) due à une insuffisance de la débitance
HF	Dysfonctionnement ou panne d'équipement hydro-mécaniques (y compris la perte d'alimentation électrique)
ONU	Inconnu

• Autres informations : mode de détection, mesures correctives, etc.

1.5. LA BASE DE DONNÉES CIGB SUR LES INCIDENTS DE BARRAGE

Toutes les données recueillies à partir des références citées ci-dessus et des réponses des membres du Comité de sécurité des barrages ont été introduites dans une base de données. Le but de cette base de données est de donner à la communauté des barrages un outil fournissant une liste, aussi exhaustive que possible, des incidents de barrages. L'objectif n'est pas de disposer d'informations très détaillées pour chaque enregistrement d'incident; la base de données donne plutôt des références, dont beaucoup sont maintenant disponibles sur Internet.

L'objectif principal est de fournir aux professionnels des barrages une source fiable (autant que possible) d'incidents de barrages permettant de trier par type de barrages, pays, période, etc., afin d'étudier plus en détail les cas liés à une question particulière. Il est évident que ces études détaillées ne peuvent pas être entreprises uniquement avec les données disponibles dans cette base de données mais doivent s'appuyer sur les références fournies et sur des recherches spécifiques de rapports, articles, etc.

Le deuxième objectif de la base de données est de permettre une analyse statistique périodique, comme c'est le cas dans cette mise à jour du bulletin 99.

2. BARRAGES ROMPUS <-> RÉPARTITION GÉOGRAPHIQUE

Pour évaluer la représentativité des données sur les ruptures, la répartition des ruptures de barrages par continent a été analysée par comparaison avec les grands barrages existants tels que rapportés dans le WRD. Le tableau suivant donne les principales valeurs :

Table 2.1
Ratio des barrages rompus par rapport aux barrages existants par continent

	Barrages existants	Barrages rompus	ratio
ASIE	35176	67	0,19%
AMÉRIQUE DU NORD	11118	130	1,17%
EUROPE	7713	61	0,79%
AFRIQUE	2330	30	1,29%
AMÉRIQUE DU SUD	1887	22	1,17%
AUSTRALIE-ASIE	824	12	1,46%
AMÉRIQUE CENTRALE	23	0	0,00%
TOTAL	59071	322	0,55%

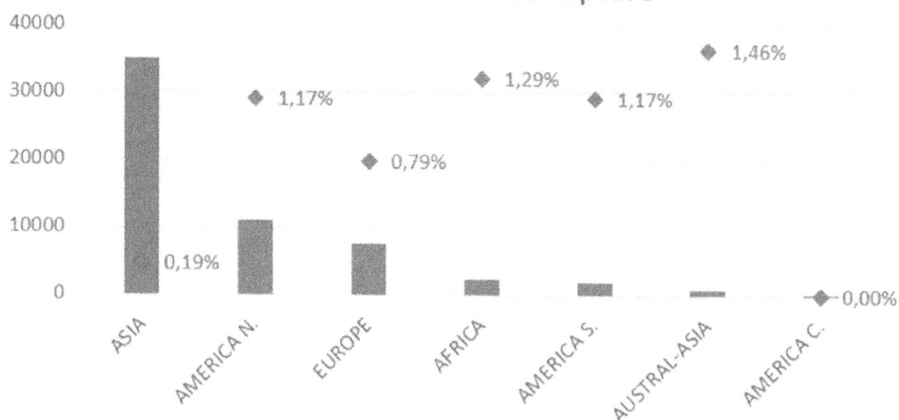

Fig. 2.1
Nombre de grands barrages par continent et taux de rupture

Il apparaît clairement que la valeur moyenne du ratio barrages rompus / barrages existants se situe dans une fourchette de 0,8% (Europe) à 1,3% (autres continents). Avec un ratio de 0,19%, l'Asie se distingue manifestement des autres régions. Afin d'assurer la robustesse de l'analyse statistique effectuée dans ce bulletin, certaines données provenant d'Asie ont été exclues de l'analyse, tant pour les barrages existants que pour les barrages rompus. Le nombre total de barrages existants et de barrages rompus pris en compte dans le bulletin est donc de 35230 et 311 respectivement, et non de 59071 et 322 comme indiqué dans la Table 2-1 ci-dessus.

Le Tableau 2-1 est donc modifiée comme suit :

Table 2.2
Ratio modifié des barrages rompus par rapport aux barrages existants par continent

	Barrages existants	Barrages rompus	Ratio
ASIE	11335	56	0,49%
AMÉRIQUE DU NORD	11118	130	1,17%
EUROPE	7713	61	0,79%
AFRIQUE	2330	30	1,29%
AMÉRIQUE DU SUD	1887	22	1,17%
AUSTRALIE-ASIE	824	12	1,46%
AMÉRIQUE CENTRALE	23	0	0,00%
TOTAL	35230	311	0,88%

Parfois, on ne dispose pas de suffisamment d'informations pour remplir tous les champs de ces barrages existants et rompus. Par conséquent, pour de nombreux résultats d'analyses, le nombre total de cas est différent (inférieur) à 311 ou 35230.

Pour les barrages existants dans le WRD, on peut souligner que seuls les 57093 barrages sont des grands barrages avec la définition de la CIGB (soit 52738 barrages H$\geq$ 15 m et 4355 barrages H <15 m et V $\geq$ 3 hm^3). Cela signifie que 1978 barrages (3,3% du total) du registre ne sont pas des "grands barrages au sens de la CIGB".

En ce qui concerne les barrages rompus, le groupe de travail a considéré que certains d'entre eux méritaient d'être inclus, même si les critères "grands barrages CIGB" n'étaient pas strictement remplis. Sur les 322 cas de rupture, le nombre de ces cas est de 14, ce qui représente 4,3% des barrages rompus.

3. RUPTURES <-> DATE (DE LA RUPTURE)

Les ruptures de barrages enregistrées sur des périodes de 25 ans sont présentées ci-dessous. La tendance est clairement une diminution du taux de rupture avec le temps. Le tableau et la figure ci-dessous résument ces données, comparées au nombre cumulé de barrages existants pour obtenir l'évolution du taux de rupture :

Table 3.1
Ruptures de barrages par périodes et ratio par rapport aux barrages existants

Période de temps	≤1900	1901-1925	1926-1950	1951-1975	1976-2000	>2000
Nombre cumulé de barrages existants	1588	3808	7375	19724	30829	33470
Barrages rompus	35	54	41	77	63	40
ratio	2. 20%	1. 42%	0. 56%	0. 39%	0. 20%	0. 12%

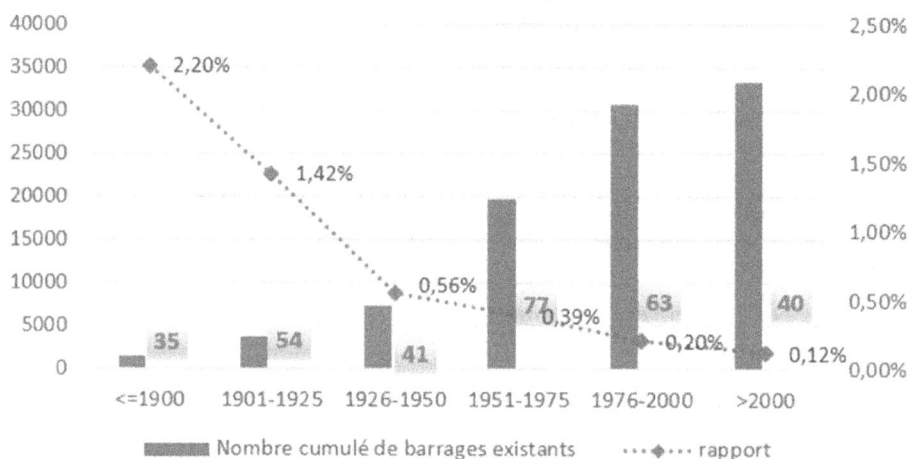

Fig. 3.1
Ruptures de barrages par périodes et ratio par rapport aux barrages existants

Le nombre de ruptures a atteint un maximum dans les années 1950–1975 avec 77 ruptures enregistrées. Depuis lors, le nombre a diminué mais reste assez important avec 40 ruptures entre 2000 et 2018. Cependant, en raison de l'augmentation du nombre de barrages, le taux de rupture montre une diminution continue et prometteuse. Il convient de noter que 87% des ruptures concernent des barrages construits avant 1975. Seuls 13% concernent des barrages construits après 1975 (voir chapitre suivant).

Le nombre de ruptures enregistrés après 2000 est encore important, mais la tendance générale semble être une diminution du nombre de ruptures depuis la période 1950–1975.

4.   RUPTURES <-> ANNÉE DE CONSTRUCTION

L'un des enseignements les plus intéressants tirés des ruptures de barrages est de vérifier que des progrès continus sont réalisés au fil du temps : les leçons tirées des ruptures ont été prises en compte dans la conception et l'exploitation des barrages existants. Le tableau ci-dessous résume ces données, en comparant le nombre de barrages construits au cours d'une période donnée au nombre de ces barrages qui se sont rompus à ce jour.

Table 4.1
Ruptures des barrages en fonction de leur année de construction

Année de construction	≤1900	1901-1925	1926-1950	1951-1975	1976-2000	>2000
nombre de barrages construits	1588	2220	3567	12349	11105	2641
Barrages rompus	67	73	41	73	32	10
ratio	4. 22%	3. 29%	1. 15%	0. 59%	0. 29%	0. 38%

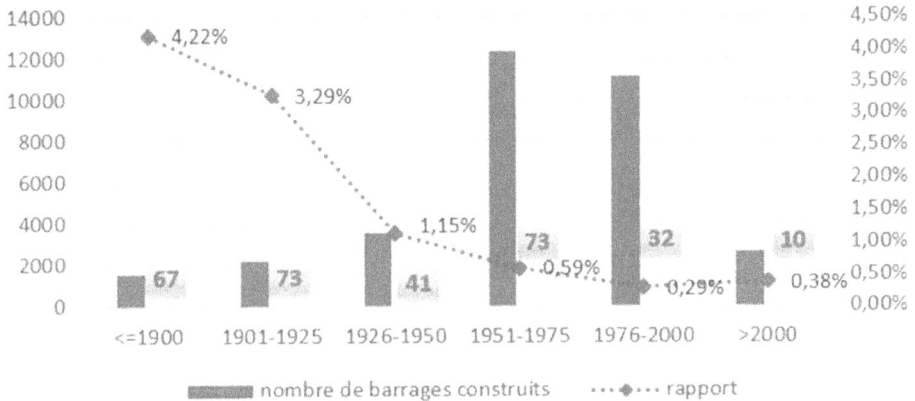

Fig. 4.1
Ruptures des barrages en fonction de leur année de construction

Le ratio pour les barrages construits après 2000 est plus élevé que pendant la période des 25 années précédentes. Cela tendrait à montrer une légère augmentation du taux de rupture au cours des 20 dernières années.

Une autre explication pourrait évidemment être une meilleure détection des ruptures de barrages depuis 2000 grâce aux progrès des technologies de l'information (Internet,...).

5.   RUPTURES <-> AGE DU BARRAGE

Le temps écoulé entre l'année de construction et l'année de rupture (c'est-à-dire l'âge du barrage au moment de la rupture) est un facteur important. Une analyse a été faite en comparant les barrages qui se sont rompus avant 5 ans d'exploitation (c'est-à-dire pendant la construction, la première mise en eau ou pendant les 5 premières années d'exploitation) au nombre total de barrages rompus pendant la même période. Cette comparaison est présentée dans le tableau suivant :

Table 5.1
Ratio des ruptures survenues au cours des 5 premières années par rapport au nombre total de ruptures

Année de construction	<=1900	1901-1925	1926-1950	1951-1975	1976-2000	>2000
Ratio des ruptures durant les 5 premières années d'exploitation par rapport au nombre total de ruptures.	30%	51%	46%	59%	59%	100%

On constate qu'à l'exception des barrages construits avant 1900, ce ratio est d'environ 50%, ce qui confirme l'affirmation habituelle selon laquelle 50% des ruptures se produisent au cours des cinq premières années. A ce jour, tous les barrages construits après 2000 ont cédé au cours de leurs cinq premières années.

La Figure 5-1 affine cette analyse en sélectionnant l'âge des barrages rompus par période de dix ans par rapport à leur période de construction.

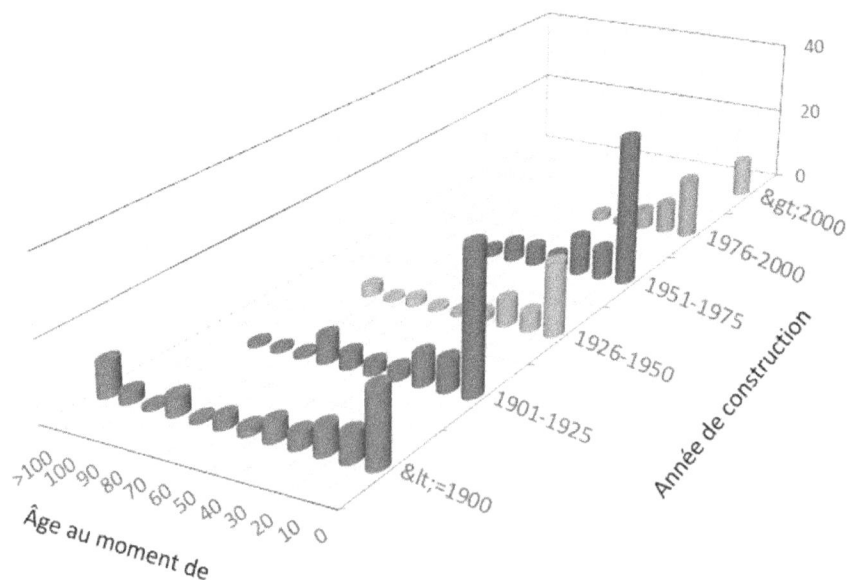

Fig. 5.1
Âge à la rupture en fonction de l'année de construction

Les dix premières années sont clairement la période où de nombreuses ruptures se produisent. Mais il semble qu'un nombre important de ruptures continuent de se produire au cours des 30 premières années pour les barrages construits entre 1900 et 2000. Il y a également des ruptures sur des barrages plus anciens : à mesure que les barrages vieillissent, ils sont naturellement plus sujets aux ruptures s'ils ne sont pas entretenus et réhabilités. Pour les barrages construits après 2000, il est trop tôt pour tirer des conclusions.

Le graphique ci-dessous met l'accent sur ces 10 premières années : les deux premières années représentent 50% de ces ruptures.

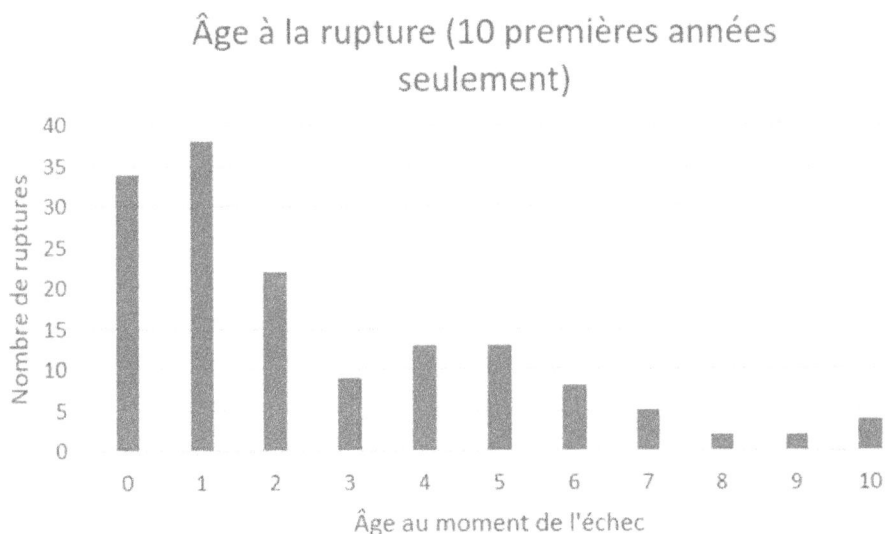

Fig. 5.2
Âge à la rupture - zoom sur les 10 premières années

6. RUPTURES <-> HAUTEUR DU BARRAGE

Cette analyse est plus pertinente en considérant des plages de hauteurs. Le tableau ci-dessous donne la définition de la gamme de hauteur et le nombre de barrages existants et rompus :

Table 6.1
Ruptures en fonction de la hauteur des barrages

Plage de hauteur	Barrages existants	Barrages rompus	Ratio
< 15 m	6984	45	0. 64%
15 - 30 m	18831	188	1. 00%
30 - 50 m	5570	52	0. 93%
50 -75 m	2218	22	0. 99%
75 - 100 m	866	3	0. 35%
> 100 m	761	1(*)	0. 13%
Total	35230	311	0. 88%

*Vajon

La figure ci-dessous donne le nombre de barrages existants et rompus en fonction de leur plage de hauteur. Il semble que pour la plage 15–75 m, ce rapport est assez constant, autour de 1%. La valeur pour les barrages de moins de 15 m est nettement inférieure. Cela pourrait s'expliquer par le fait que les ruptures de ces petits barrages ne sont peut-être pas aussi bien signalées que celles des barrages plus hauts. Les enseignements les plus intéressants de cette figure concernent les barrages de plus de 75 m : avec un ratio de 0,35% (seulement 3 ruptures rapportées; barrages de Hwachon, Fort Peck et Teton), cela semble indiquer que les barrages élevés sont moins sujets aux ruptures, probablement parce qu'ils ont été bien conçus et construits et bien exploités. Pour les barrages de plus de 100 m, un seul barrage est inclus dans les statistiques. Mais il s'agit du barrage de Vajont qui n'a pas cédé ou perdu son intégrité structurelle. Le barrage de Vajont a été frappé par un tsunami provoqué par un glissement de terrain massif dans le réservoir en 1963, causant plus de 2000 morts. La structure du barrage est toujours debout, avec des dommages mineurs à la crête du barrage, mais il n'a pas été exploité depuis l'accident car le réservoir est rempli de matériaux de glissement de terrain.

En conclusion, on peut affirmer que le taux de rupture des grands barrages est tout à fait indépendant de la hauteur du barrage pour des hauteurs allant de 15 à 75 m (même conclusion que le Bulletin 99). Pour les barrages plus hauts, ce ratio diminue rapidement, et est ~ 0 pour les barrages de plus de 100 m.

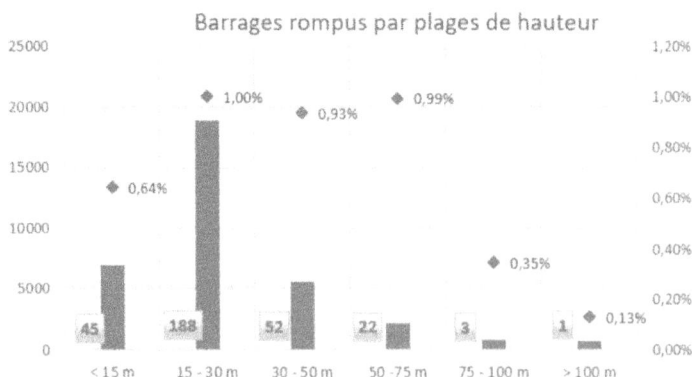

Fig. 6.1
Ruptures en fonction de la hauteur du barrage

7. RUPTURES <-> TYPE DE BARRAGE

L'analyse de l'influence du type de barrage sur le taux de rupture est simple si un seul type de barrage est spécifié. Pour les barrages composites, le choix a été de ne garder que le premier type indiqué dans le WRD et dans la base de données des ruptures de barrages ; cela signifie par exemple qu'un barrage PG/TE (Poids/Terre) sera considéré comme un barrage poids.

Table 7.1
Rupture en fonction du type de barrage

Type de barrage	Barrages existants	rompus	rapport
VA – Voûte	890	6	0. 67%
CB - Contrefort	340	8	2. 35%
MV – Voûtes multiples	105	4	3. 81%
PG - Poids	5571	46	0. 83%
ER - Enrochement	2378	33	1. 39%
TE - Remblai	21977	209	0. 95%
BM – Barrage mobile	224	0	0. 00%
XX - Inconnu	715	5	0. 70%

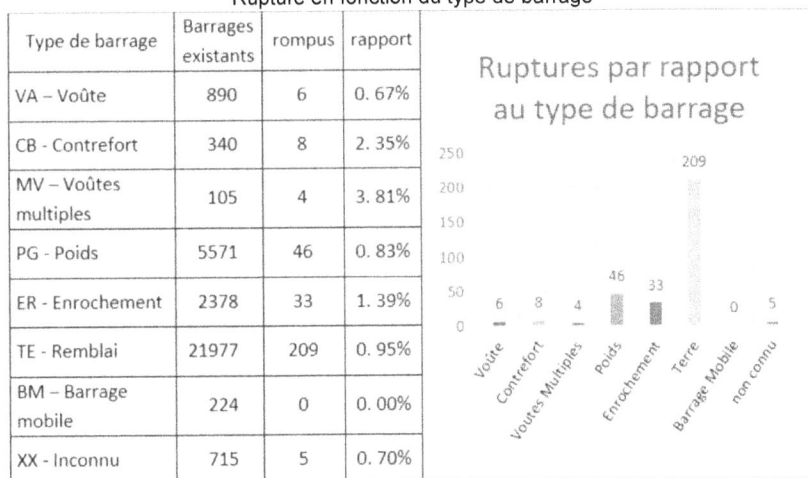

Ruptures par rapport au type de barrage

Le ratio semble très semblable (taux de rupture entre 0.8% et 1.4%) sauf pour les barrages à contreforts et à voûtes multiples où ces ratios sont beaucoup plus élevés (2.35% et 3.81%). Mais ces valeurs sont relatives à un petit nombre de ruptures et ne sont peut-être pas statistiquement significatives. Le ratio de rupture des barrages en enrochement, à 1,43%, est donc le plus élevé. Pour les barrage-poids, ceux en maçonnerie représentent 2/3 des ruptures rapportées.

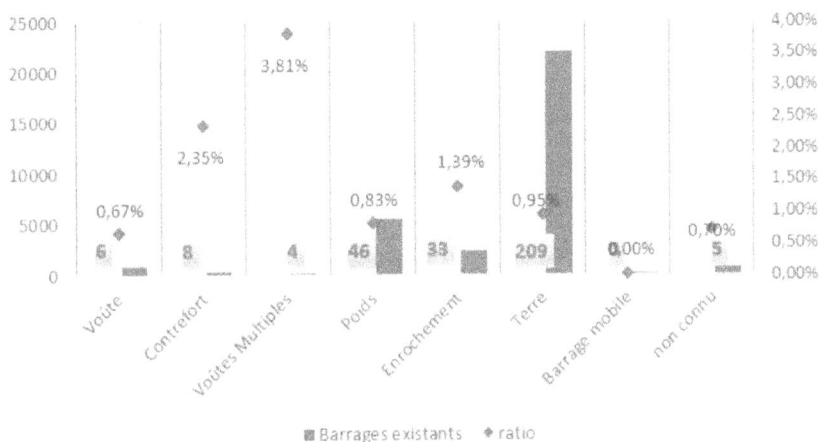

Taux de rupture par type de barrage

Fig. 7.1
Taux de rupture par type de barrage

La répartition des ruptures en fonction du type de barrage et de l'année de la rupture est illustrée dans le graphique suivant Figure 7-2.

Ruptures par période de 25 ans

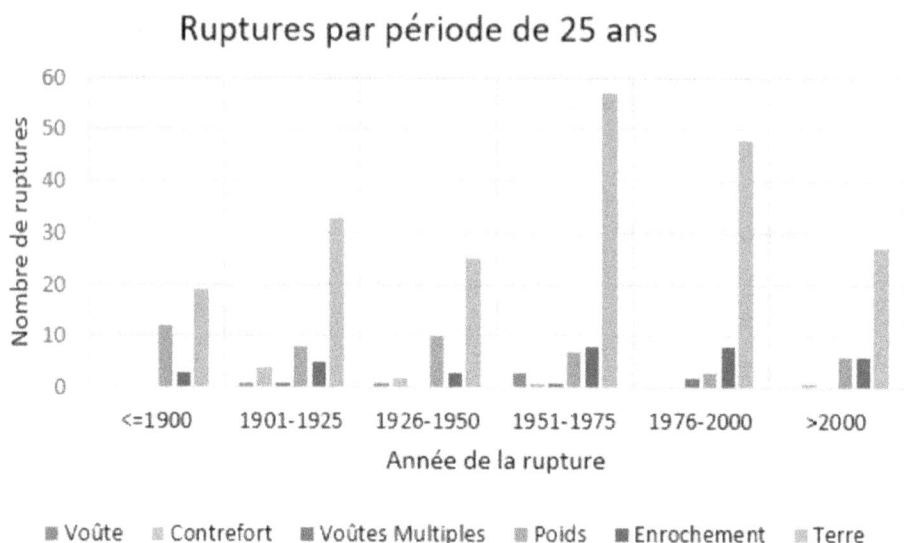

Fig. 7.2
Ruptures triées par période de rupture et type de barrage

L'âge des barrages à la rupture peut également être comparé aux types de barrages, comme l'illustre la figure ci-dessous :

Types de barrages et âge au moment de la rupture

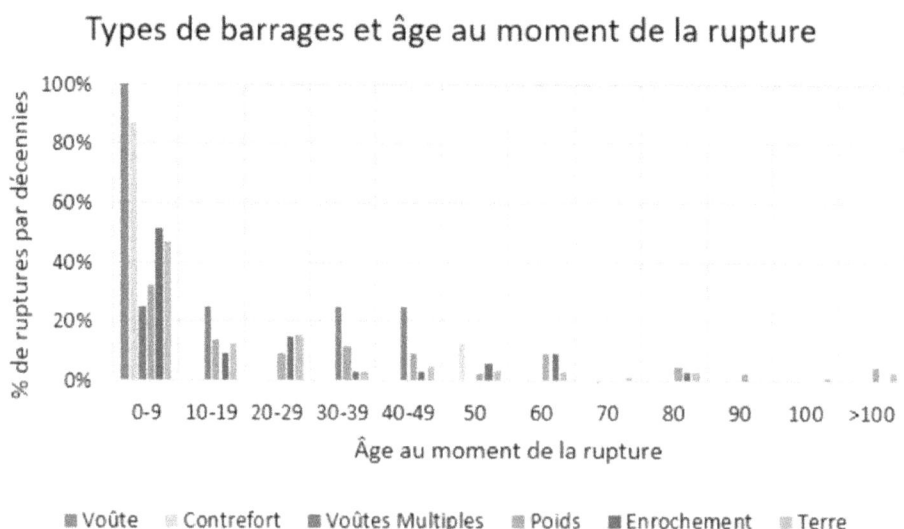

Fig. 7.3
Type de barrage en fonction de l'âge au moment de la rupture

Comme cela a déjà été noté, le plus grand nombre de ruptures se produit au cours de la première décennie pour tous les types de barrages. Cependant, les ruptures de tous les barrages-voûtes et de tous les barrages à contreforts ont eu lieu au cours de la première décennie.

Pour les barrages à voûtes multiples, la rupture semble indifférente à l'âge du barrage. Pour les barrage-poids, les barrages en maçonnerie représentent 2/3 des ruptures rapportées. La répartition détaillée de ces ruptures de barrage-poids en fonction de leur année de construction et de leur matériau (maçonnerie ou béton) est présentée sur la Figure 7-4.

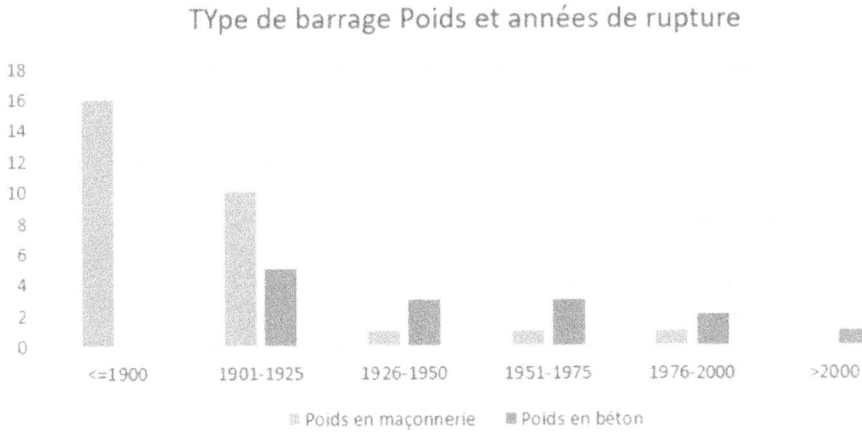

Fig. 7.4
Ruptures des barrage-poids en fonction de leur matériau (maçonnerie ou béton)

La conclusion concernant l'influence du type de barrage sur leur taux de rupture est la même que dans le bulletin 99 : il n'y a pas d'effet significatif du type de barrage sur le taux de rupture, sauf peut-être pour les barrages en enrochement avec un taux de rupture un peu plus élevé. Le nombre de ruptures de barrages à voûtes multiples et de barrages à contreforts est trop faible pour être statistiquement significatif.

8. RUPTURES <-> VOLUME DU RÉSERVOIR

Le nombre de barrages rompus en fonction de la tranche de volume de leurs réservoirs est présenté dans la Figure 8-1 ci-dessous.

Barrages rompus par volume de réservoir

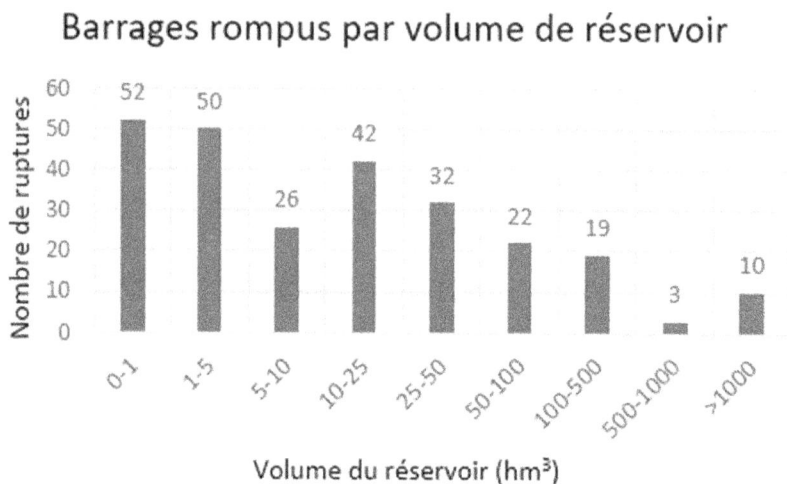

Fig. 8.1
Ruptures en fonction du volume du réservoir

Le Tableau 8-1 et la Figure 8-2 donnent le nombre de ruptures par tranche de volume de réservoir et le taux de rupture par rapport au nombre de réservoirs existants de la même tranche de volume :

Table 8.1
Ruptures en fonction du volume du réservoir

Plage de volume du réservoir (hm³)	Barrages existants	Ruptures	Ratio
0-1	9474	52	0,55%
1-5	9980	50	0,50%
5-10	3527	26	0,74%
10-25	3340	42	1,26%
25-50	1836	32	1,74%
50-100	1518	22	1,45%
100-500	2291	19	0,83%
500-1000	551	3	0,54%
>1000	1143	10	0,87%

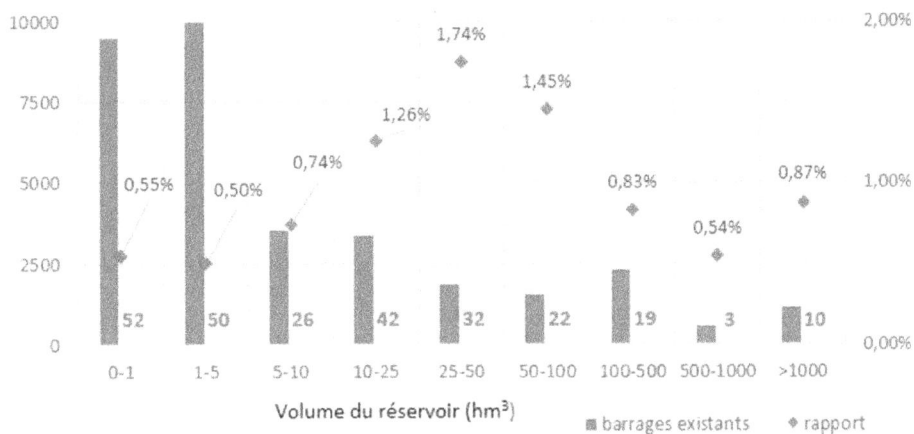

Ruptures par rapport au volume du réservoir

Fig. 8.2
Nombre de ruptures en fonction du volume du réservoir et du ratio avec les barrages existants

Ces statistiques indiquent que les barrages dont le volume du réservoir est compris entre 10 et 100 hm³ ont un taux de rupture plus élevé que les barrages dont les réservoirs sont plus petits ou plus grands. Mais cela peut probablement indiquer un manque d'information sur les ruptures des barrages ayant de petits réservoirs.

9.   CONTEXTE DE LA RUPTURE

Plusieurs contextes de rupture sont pris en compte dans la base de données : condition normale, crue (inhabituelle ou extrême), séisme (inhabituel ou extrême), autres risques naturels (inhabituels ou extrêmes) et actions humaines hostiles. Le tableau ci-dessous donne le nombre de rupture pour ces différents contextes.

Table 9.1
Répartition des contextes de rupture

exploitation normale	crue (*)	crue inhabituelle	Crue extrême	séisme inhabituel	séisme extrême	Autre événement naturel inhabituel	Autre événement naturel extrême	Action humaine hostile	Inconnu
110	40	59	33	4	3	2	2	6	52

* L'ampleur de la crue n'est pas connue

Il est évident que les deux contextes les plus importants sont le fonctionnement normal (110 cas de rupture) et les crues (132 cas de rupture), dont les nombres d'occurrence sont similaires, et représentent plus de 90% du total des contextes de rupture connus. Cependant, le contexte de crue est le plus important. Il est intéressant de noter que le nombre de ruptures pendant une crue "inhabituelle" (c'est-à-dire inférieure à la crue de référence) est plus important que pendant une crue "extrême" (c'est-à-dire supérieure à la crue de référence). Cette dernière constatation n'est pas surprenante car les crues inhabituelles sont beaucoup plus fréquentes que les crues extrêmes. De plus, la crue de référence de l'année de construction initiale peut dans de nombreux cas être sous-estimée, de sorte que les évacuateurs de crue sont sous dimensionnés par rapport aux normes actuelles. En outre, certains barrages ont connu des dysfonctionnements au niveau des déversoirs, ce qui a également causé des dommages et des ruptures possibles lors de "crues modérées".

Dans la Figure 9-1 et la Figure 9-3 une analyse plus détaillée peut être effectuée en examinant les influences de trois paramètres sur le nombre de ruptures : l'année de construction, l'âge au moment de la rupture et les types de barrages.

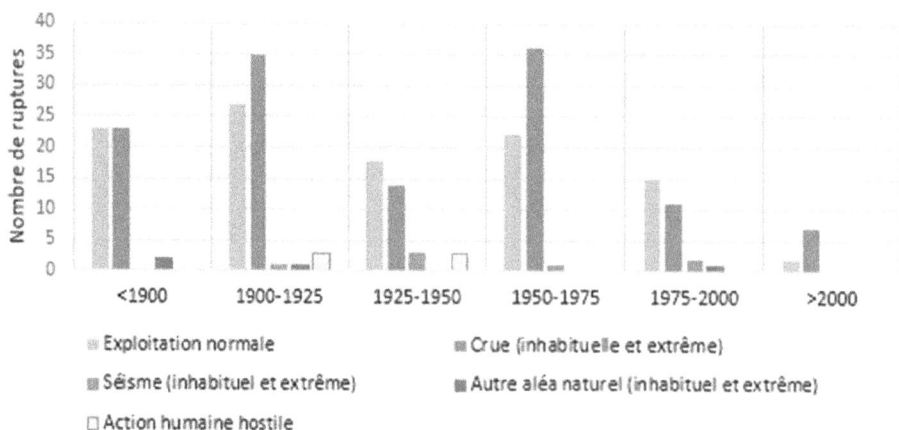

Fig. 9.1
Contexte des ruptures par rapport à l'année de construction

Comme indiqué dans la Figure 9-1, l'année de construction n'a pas d'influence significative sur la répartition entre les contextes de rupture en fonctionnement normal et en période de crue : ces deux principaux contextes de rupture sont les plus importants pour chaque tranche d'année de construction.

La Figure 9-2 ci-dessous met l'accent sur les ruptures en cas de crue : le rapport entre les crues inhabituelles et extrêmes est toujours inférieur à 1, sauf pendant la période de construction 1925–1950. Au contraire, ce rapport est le plus faible pour les barrages construits après 2000. On peut noter que jusqu'aux années 1950, le ratio des barrages en remblai parmi tous les autres types de barrages était légèrement inférieur à 50%. Cette situation a changé très rapidement après 1950, lorsque davantage de grands barrages ont été construits en remblai en raison du développement des équipements/technologies de construction. Ainsi, la population des barrages construits avant 1950 était, en moyenne, plus robuste contre le débordement.

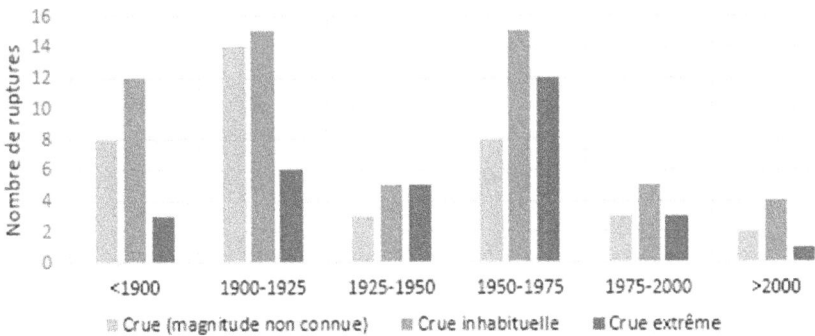

Fig. 9.2
Détail des contextes de rupture en crue par rapport à l'année de construction

En observant la distribution des contextes de rupture en fonction de l'âge des barrages au moment de la rupture, comme le montre la figure 9-3, il est intéressant de noter que le contexte "crue" devient le contexte principal dès que l'âge du barrage est de 20 ans ou plus. Les âges "négatifs" correspondent à des ruptures en cours de construction.

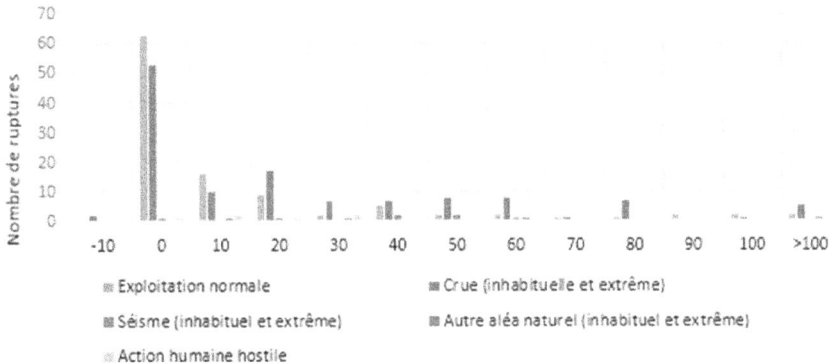

Fig. 9.3
Contexte de la rupture par rapport à l'âge à la rupture

Si l'on considère l'influence du type de barrage, les contextes de crue sont les plus importants pour les barrages en terre, en enrochement et barrages poids, tandis que les conditions normales de fonctionnement sont le contexte majeur identifié pour les barrages à contreforts et les barrages-voûtes. La Figure 9-4 illustre une fois de plus le nombre important de ruptures des barrages en remblai. Les barrages-poids en maçonnerie représentent 70% du type de barrage-poids, que ce soit dans des conditions normales ou dans des contextes d'inondation.

Contexte de rupture par rapport au type de barrage

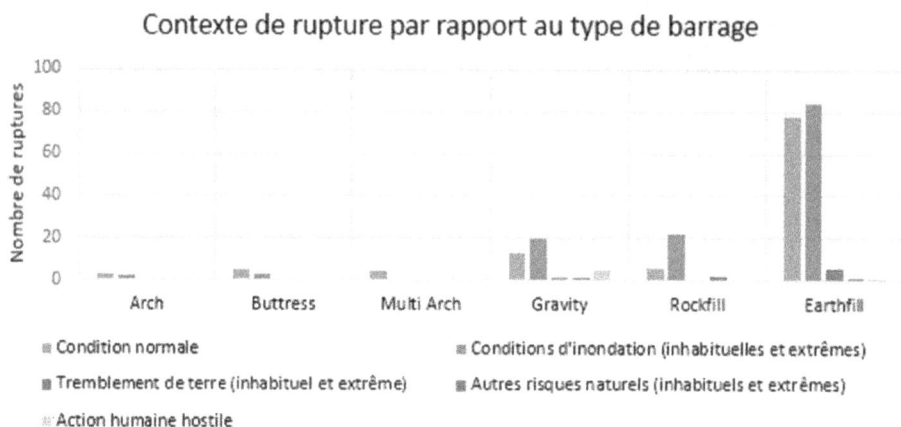

Fig. 9.4
Contexte de rupture en fonction du type de barrage

10. MODES DE DÉFAILLANCE

Les modes de défaillance en fonction des types de barrages sont présentés dans la Figure 10-1 avec un accent sur les barrages poids en Figure 10-12. Une analyse plus détaillée des modes de défaillance est faite dans les sections 10.1 et 10.2pour les barrages en remblai et les barrages rigides respectivement.

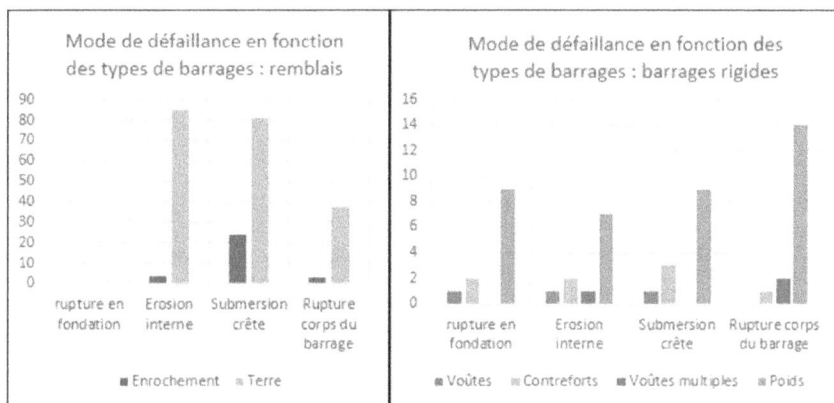

Fig. 10.1
Nombre de ruptures en fonction du type de barrage et du mode de défaillance (attention les échelles sont très différentes)

10.1. RUPTURE DE BARRAGES EN REMBLAI

On analyse dans cette section les ruptures des barrages en enrochement et en terre (ER et TE). Les analyses des modes de rupture sont effectuées séparément pour l'effet de a) l'année de construction, b) l'âge à la rupture et c) le contexte.

10.1.1. Mode de défaillance <-> Année de construction

Le nombre total de ruptures pour les barrages en remblai est de 232.

Les résultats liés à la catégorie de l'année de construction et au mode de défaillance sont présentés dans le Tableau 10-1 et la Figure 10-2 ci-dessous.

Table 10.1
Ruptures de barrages en remblai par an : catégorie et mode de rupture

Mode de défaillance	Année de construction							
	<=1900	1901-1925	1926-1950	1951-1975	1976-2000	>2000	Total #	%
Rupture des fondations	5	1	1	1	1	1	10	17%
Érosion interne (dans les fondations)	3	5	4	2	1	0	15	25%
Submersion	2	8	0	4	0	0	14	24%
Rupture structurelle	5	6	1	3	1	0	16	27%
Inconnu	2	2	0	0	0	0	4	7%
Total #	17	22	6	10	3	1	59	100%

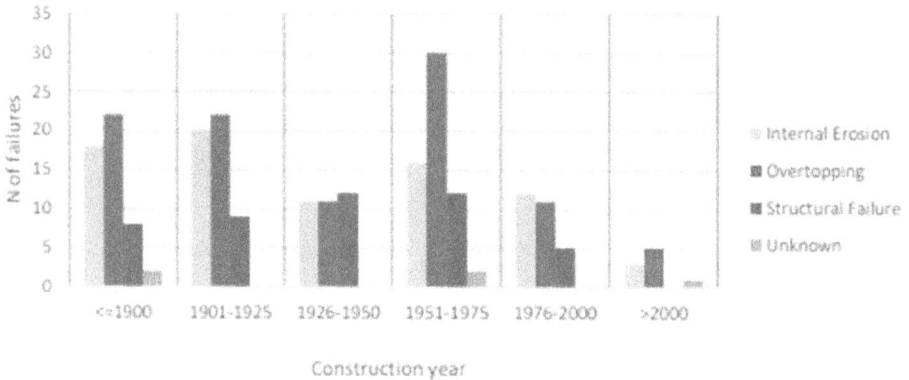

Number of failures per construction year and failure mode

Fig. 10.2
Ruptures de barrages en remblai par an, par catégorie et par mode de rupture

La Figure 10-3 montre le taux de rupture par rapport au nombre total de barrages en remblai existants (du registre mondial des barrages) par catégorie d'année de construction comme indiqué ci-dessous :

Table 10.2
Nombre de barrages en remblai existants

Année de construction	<=1900	1901-1925	1926-1950	1951-1975	1976-2000	>2000
nombre de barrages en remblai existants	1177	990	1774	8538	9034	1747

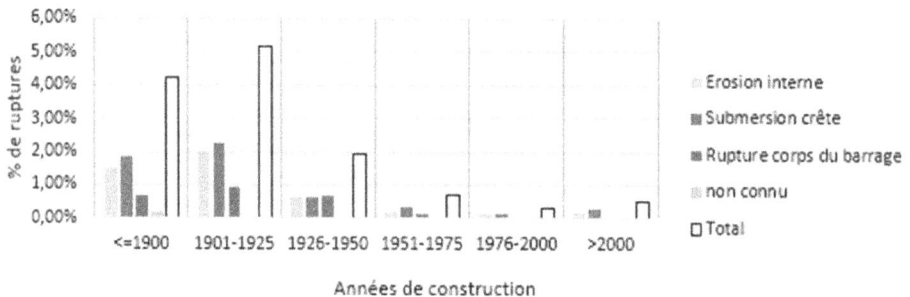

taux de rupture par rapport au nombre total de barrages en remblai

Fig. 10.3
Ruptures de barrages en remblai en % du total des barrages en remblai dans le monde, classées par mode de rupture et année de construction du barrage

Cela conduit aux conclusions suivantes :

• En chiffres absolus, la submersion de la crête et l'érosion interne sont les modes de défaillance les plus fréquents

• Dans les périodes postérieures à 1950, le nombre relatif de ruptures tombe à moins de 0,2%, mais augmente à nouveau dans la période postérieure à 2000.

Une analyse détaillée montre que l'érosion interne peut être divisée en plusieurs sous-catégories, comme indiqué dans le tableau suivant la Figure 10-4

Sous-catégories érosion interne barrages en remblai

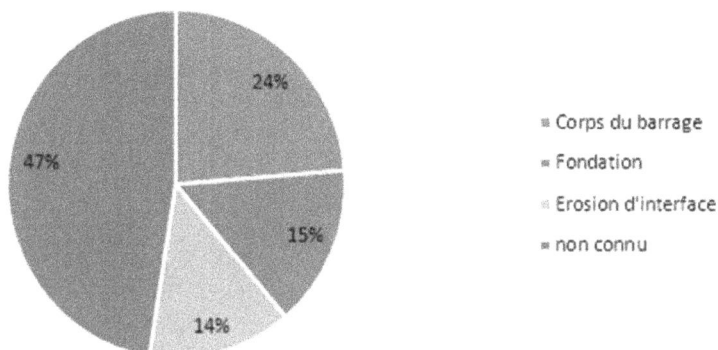

Fig. 10.4
Sous-catégories de ruptures des barrages en remblai : Érosion interne

Les ruptures structurelles peuvent également être divisées en plusieurs sous-catégories, comme le montre la figure ci-dessous. La Figure 10-5 montrant que la rupture structurelle du corps du barrage est la plus importante.

Sous-catégories ruptures structurelles barrages en remblai

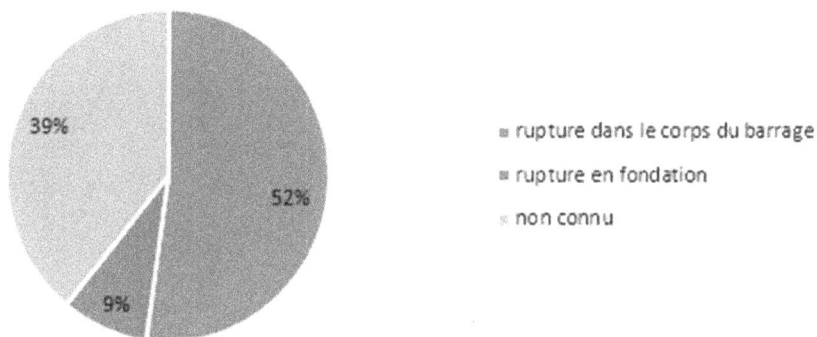

Fig. 10.5
Sous-catégories de ruptures de barrages en remblai : rupture structurelle

10.1.2. Mode de défaillance <-> Âge à la rupture

Pour analyser le mode de défaillance en fonction de l'âge des barrages, on utilise les mêmes données que celles décrites en 10.1.1. Cependant, deux barrages se sont rompus pendant la construction et ils n'ont pas été pris en compte. Le nombre total de ruptures est donc de 200.

Les résultats sont présentés dans le Tableau 10-3 ci-dessous.

Table 10.3
Table 10.3
Nombre de ruptures en fonction de l'âge au moment de la rupture et des modes de défaillance

Mode de défaillance	Âge à la rupture (années) barrages en remblai											
	0	10	20	30	40	50	60	70	80	90	100	>100
Érosion interne	46	14	7		4	2	3		1		2	1
Submersion crête	41	10	16	4	4	5	6	3	4		1	5
Rupture structurelle	21	4	7	3	3	3	1		2	1		1
Non connu	4		1									
Total	112	28	31	7	11	10	10	3	7	1	3	7

La Figure 10-6 montre le nombre de ruptures par tranche d'âge de 10 ans et le mode de défaillance.

Nombre de ruptures par décade et mode de défaillance

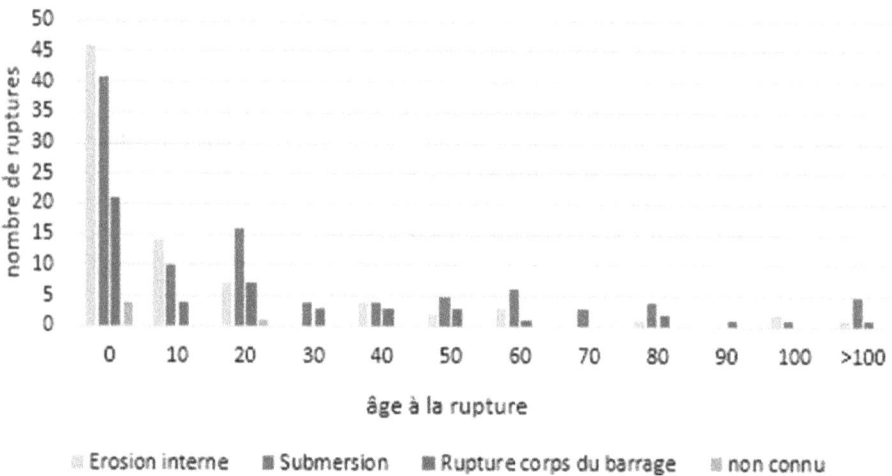

Fig. 10.6
Nombre de ruptures de barrages en remblai classé par mode de rupture et l'âge à la rupture

Cela conduit aux conclusions suivantes :

- La plupart des ruptures se produisent dans les premières années après la construction (0–10 ans). Les contributions les plus importantes proviennent de l'érosion interne et des submersions de crête.

- Une nette diminution est visible après 30 ans

- Le nombre de ruptures diminue fortement lorsque les barrages vieillissent, mais les submersions restent un risque.

10.1.3. Mode de défaillance des barrages en remblai <-> Contexte de la rupture

Dans le Tableau 10-4 ci-dessous et la Figure 10-7 on indique les valeurs correspondantes :

Table 10.4
Modes de défaillance par rapport au contexte de la rupture

Mode de défaillance (barrages en remblai)	Contexte de la rupture					
	Exploitation normale	Crue	Séisme	Autre aléa extrême	Non connu	Total
Érosion interne	57	12	0	1	16	86
Submersion	3	88	0	0	18	109
Rupture structurelle	24	7	8	2	7	48
Non connu	1	1	0	0	3	5
Total	85	108	8	3	44	248

Contexte de la rupture et mode de défaillance

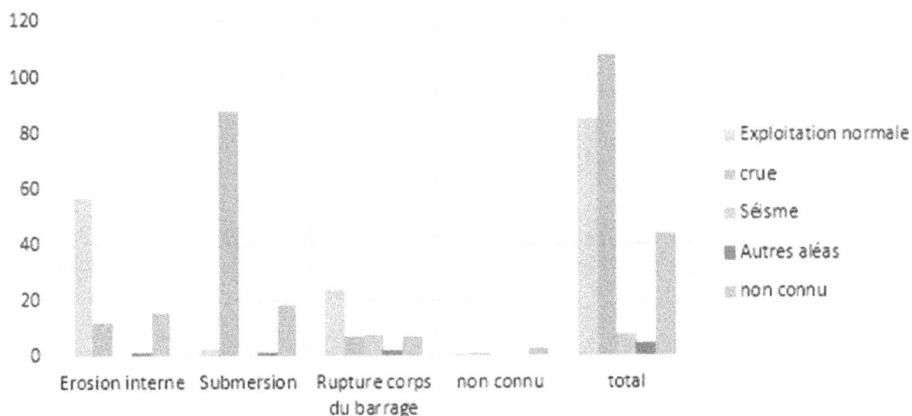

Fig. 10.7
Nombre de ruptures de barrages en remblai classées par mode de rupture et contexte de la rupture

Conclusions :

- La plupart des ruptures se sont produites en raison de la submersion de la crête lors d'une crue.

- L'érosion interne est le plus souvent associée à l'état d'exploitation normale.

- La rupture structurelle s'est produite le plus souvent en exploitation normale, mais aussi dans tous les autres contextes

10.1.4. Conclusions de l'analyse des modes de défaillance

- En général, la submersion de la crête et l'érosion interne sont les modes de défaillance les plus courants

- Lié à l'année de construction

  – Diminution du taux de rupture après 1950

  – Faible augmentation du taux de rupture après 2000

- En rapport avec l'âge

  - La plupart des ruptures se produisent au cours des premières années

  - Pour les barrages de plus de 30 ans, le nombre de ruptures est faible, à l'exception des submersions qui restent à un niveau stable

- Mode de défaillance lié au contexte de la rupture

  - Submersion, principalement en combinaison avec des conditions de crue

  - Érosion interne, le plus souvent en combinaison avec l'exploitation normal

  - La rupture structurelle se produit dans toutes les contextes

10.2. BARRAGES EN BÉTON ET EN MAÇONNERIE

Les ruptures de barrages en béton et en maçonnerie sont analysées dans ce chapitre. Les barrages construits en béton, pierre ou autre maçonnerie sont désignés "barrages rigides", y compris les barrages-poids, les barrages-voûtes (multiples) et les barrages à contreforts. Pour chaque mode de défaillance, une analyse est faite séparément pour l'effet de a) l'année de construction, b) l'âge à la rupture et c) le contexte.

Il convient de noter que pour les barrages rigides, le mode de défaillance "Érosion interne" est toujours lié à une déficience de la fondation, tandis que la "rupture de la fondation" concerne les ruptures structurelles à l'intérieur de la fondation.

10.2.1. Mode de défaillance <-> Année de construction

Le nombre total de ruptures pour les barrages rigides est de 59.

Les résultats liés à la période d'année de construction et aux modes de défaillance sont présentés dans le Tableau 10-5 et la Figure 10-8 ci-dessous.

Table 10.5
Nombre de ruptures en fonction du mode de défaillance et de la période
de construction

Mode de défaillance	Année de construction						Total #	%
	<=1900	1901-1925	1926-1950	1951-1975	1976-2000	>2000		
Rupture des fondations	5	1	1	1	1	1	10	17%
Érosion interne (dans les fondations)	3	5	4	2	1	0	15	25%
Submersion	2	8	0	4	0	0	14	24%
Rupture structurelle	5	6	1	3	1	0	16	27%
Inconnu	2	2	0	0	0	0	4	7%
Total #	17	22	6	10	3	1	59	100%

Nombre de ruptures par période et mode de défaillance pour les barrages rigides

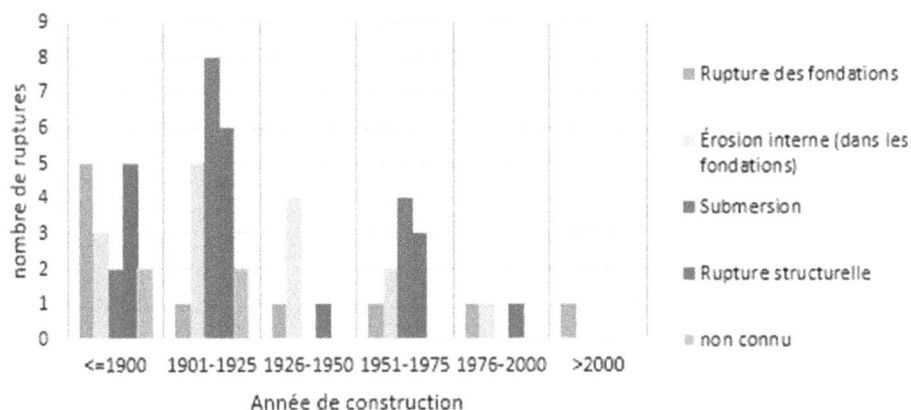

Fig. 10.8
Ruptures de barrages en béton et en maçonnerie par année de construction et par mode de défaillance

Le Tableau 10-6 donne le nombre total de barrages rigides construits par période d'années à partir du Registre Mondial des Barrages et la Figure 10-9 donne le ratio des ruptures :

Table 10.6
Nombre total de barrages "rigides" existants

Année de construction	<=1900	1901-1925	1926-1950	1951-1975	1976-2000	>2000
Nombre de barrages rigides existants selon le WRD	168	661	1215	2675	1501	657

Modes de défaillance par rapport au nombre total de barrages rigides

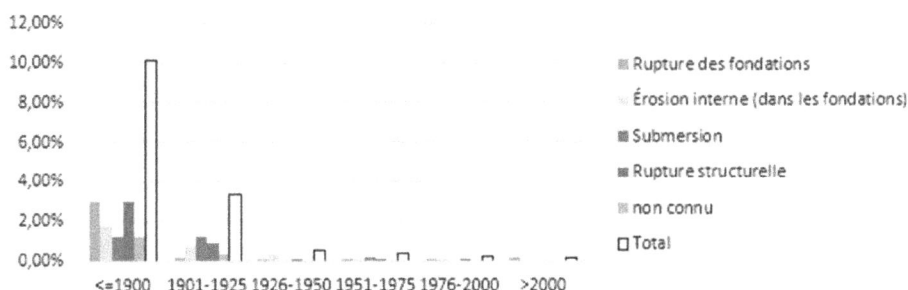

Fig. 10.9
Modes de défaillance des barrages rigides en % du nombre total de barrages existants catégorisés par année de construction du barrage

Ces données permettent de tirer les conclusions suivantes :

- En valeurs absolues, ce sont les périodes avant 1900 et de 1901 à 1925 qui présentent le plus grand nombre de ruptures, mais par rapport au nombre de barrages rigides construits au cours de ces périodes, c'est clairement la période avant 1900 qui présente le plus de ruptures.

Pour analyser le mode de défaillance et l'âge des barrages à la rupture, on utilise les mêmes modes de défaillance que ceux décrits précédemment dans le paragraphe 10.1.2. Les résultats sont présentés dans le Tableau 10-7 ci-dessous et la Figure 10-10. Le nombre total de ruptures est de 59 et une nette diminution est visible après la première décennie.

Table 10.7
Modes de rupture des barrages rigides en fonction de l'âge à la rupture

Mode de défaillance	Âge à la rupture (décennies)											Total/ Mode	%
	0	10	20	30	40	50	60	70	80	90	>100		
Rupture des fondations	8	0	0	1	0	0	0	0	0	0	1	10	18%
Érosion interne (dans les fondations)	8	2	1	0	1	0	0	0	1	0	1	14	25%
Submersion	5	1	1	1	1	1	2	0	1	0	0	13	23%
Rupture structurelle	4	3	2	3	2	0	1	0	0	1	0	16	29%
Inconnu	1	0	0	0	0	1	1	0	0	0	0	3	5%
Total/Décennie	26	6	4	5	4	2	4	0	2	1	2	59	100%

Modes de défaillance des barrages rigides en fonction de l'âge à la rupture

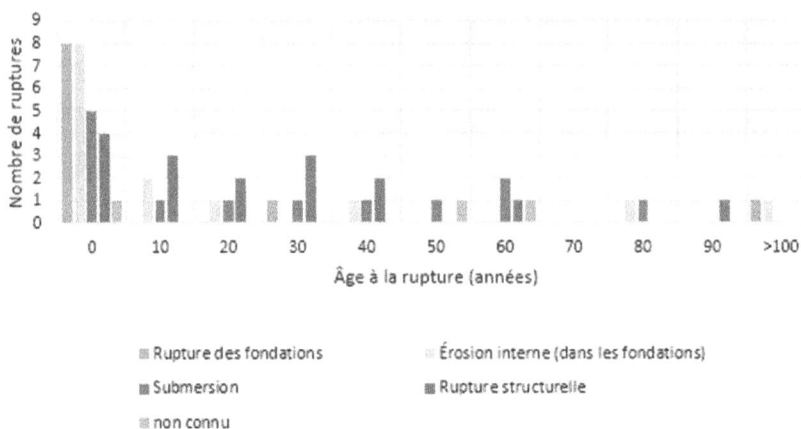

Fig. 10.10
Nombre de ruptures de barrages rigides classées par mode de défaillance et par âge à la rupture

Les graphiques permettent de tirer les conclusions suivantes :

- Dans l'ensemble, la plupart des ruptures sont liées aux fondations (43%, rupture des fondations et érosion interne des fondations), suivies par les ruptures structurelles (29%) et les débordements (23%).

- La plupart des ruptures surviennent au cours de la première décennie (46%).

Une analyse plus poussée des ruptures de la première décennie montre que la plupart des ruptures se sont produites sur des barrages-poids et sont liées à des déficiences des fondations (cf. Figure 10-11), causés par une perte de support (fondation ou culée) ou une érosion interne (dans la fondation).

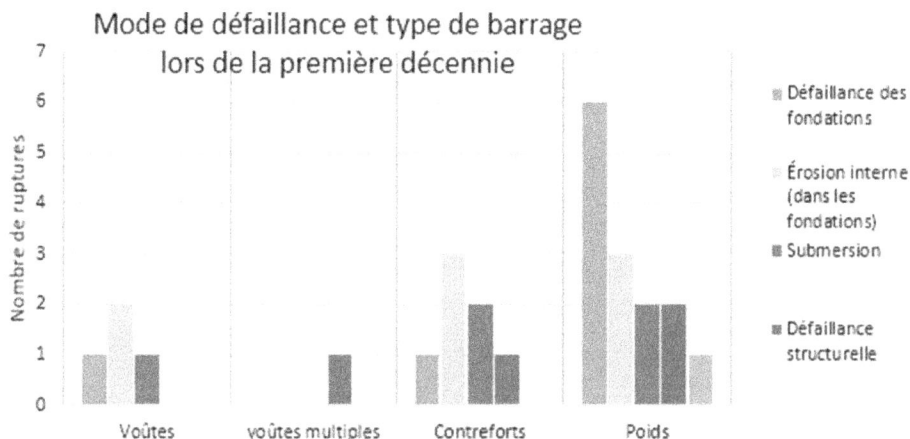

Fig. 10.11
Ruptures de barrages rigides dans les 10 premières années après la construction par mode de défaillance et type de barrage

- En ce qui concerne le type de barrages-poids (béton ou maçonnerie) et leurs modes de défaillance, la Figure 10-12 montre qu'il n'y a pas de différences entre ces deux types de barrages poids pour tous les modes de défaillance sauf pour les ruptures structurelles qui concernent beaucoup plus les barrages en maçonnerie (86% de ce mode de défaillance).

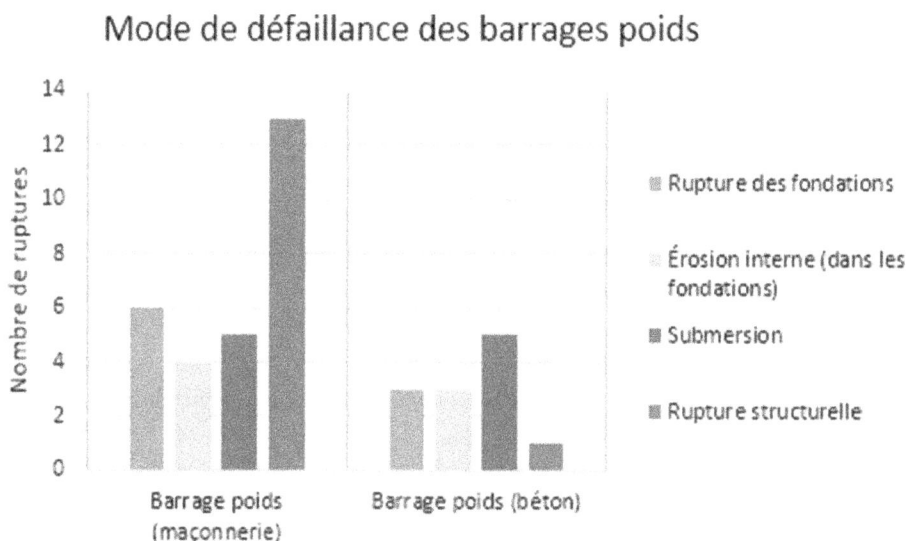

Fig. 10.12
Nombre de ruptures en fonction du type de barrage poids et des modes de défaillance

10.2.3. Mode de défaillance <-> Contexte de la rupture

Les résultats sont présentés dans le Tableau 10-8 ci-dessous et la Figure 10-13 :

Table 10.8
Nombre de ruptures par modes de défaillance en fonction du contexte de la rupture

Mode de défaillance	Exploitation normale	Crue	Séisme	Autre charge extrême	Action humaine hostile	Non connu	total	%
Rupture des fondations	5	2	1	1	0	1	10	17%
Érosion interne (dans les fondations)	11	2	0	0	0	2	15	25%
Submersion	0	14	0	0	0	0	14	24%
Rupture structurelle	6	6	0	0	4	0	16	27%
Inconnu	0	1	0	0	0	3	4	7%
Total	22	25	1	1	4	6	59	100%

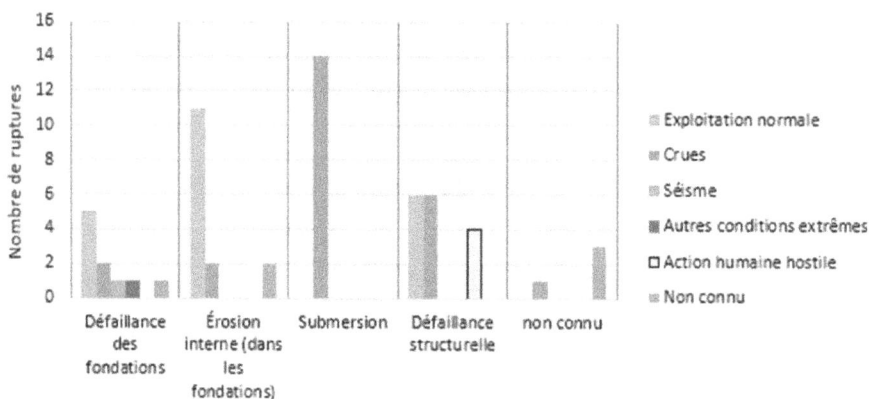

Fig. 10.13
Contexte de la rupture et mode de défaillance pour les barrages rigides

La figure 10-13 permet de tirer les conclusions suivantes :

- La rupture des fondations s'est produite à 10 reprises et principalement dans des conditions d'exploitation normale.

- La rupture par érosion interne (dans les fondations) s'est produite fréquemment (globalement 15 fois soit 25%) et principalement en exploitation normale (11 fois) et seulement deux fois en crue. Dans deux cas, le contexte était inconnu.

- Les ruptures dues à l'érosion externe ou la submersion se sont produites fréquemment (14 fois, 42%), mais uniquement en cas de crue, ce qui est logique.

- Les ruptures structurelles se produisent 16 fois (27%) et sont réparties sur les différents contextes.

10.2.4. Conclusions de l'analyse des modes de défaillance

- En nombre absolu et relatif, la plupart des ruptures se sont produites dans les fondations, soit par érosion interne, soit par des déficiences structurelles.

- Par rapport à l'année de construction :

  - Diminution des ruptures des barrages construits après 1925,

  - Les ruptures structurelles se produisent principalement dans les barrages poids en maçonnerie.

- Par rapport à l'âge à la rupture :

  - La plupart des ruptures se produisent dans la première décennie après la construction (0–10 ans),

  - Après la première décennie, le nombre de ruptures diminue fortement.

- Par rapport au contexte de la rupture :

  - Submersion uniquement en combinaison avec des crues,

  - Érosion interne principalement en combinaison avec l'exploitation normale,

  - Rupture structurelle principalement en exploitation normale et en crue.

11. CAUSES DE RUPTURE

Deux catégories de causes sont disponibles dans la base de données : les causes organisationnelles et les causes techniques.

11.1. CAUSES ORGANISATIONNELLES

Les causes organisationnelles ont été regroupées en plusieurs grandes catégories :

- Conception : 162 cas

- Construction : 18 cas

- Fonctionnement : 27

- Entretien : 10

- Non indiqué : 105

En ce qui concerne l'insuffisance de la conception et de la construction, il convient de noter que les méthodes de conception et de construction peuvent être acceptables au moment de la construction, mais se révéler insuffisantes par la suite en raison de nouvelles connaissances issues de la recherche et de l'expérience. Les insuffisances de la construction peuvent être une "cause cachée" qui peut être très difficile à révéler après une rupture. Ainsi, les insuffisances de la construction peuvent être la cause même si elles n'ont pas été signalées.

Sur la Figure 11-1 ci-dessous, ces causes ont été détaillées par type de barrages :

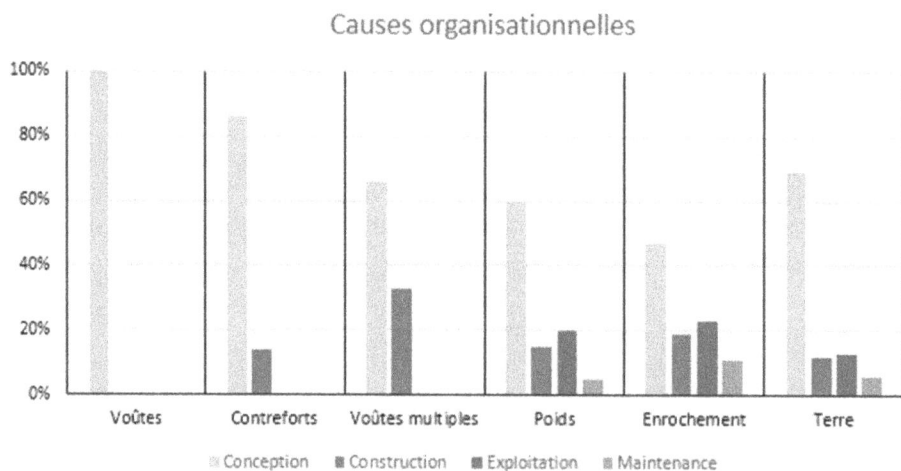

Fig. 11.1
Les causes organisationnelles par rapport aux types de barrages

La Figure 11-1 indique une différence entre deux types de barrages : pour les barrages-voûtes, les barrages à contreforts et les barrages à voûtes multiples, la cause principale est la conception (100% pour les barrages-voûtes), moins fréquemment la construction. La principale cause organisationnelle pour les barrages-poids, en enrochement et en terre est toujours l'insuffisance de la conception, mais l'exploitation et la maintenance représentent 19 à 34% selon les types.

Les causes organisationnelles en fonction de l'âge des barrages au moment de la rupture sont illustrées dans la Figure 11-2 :

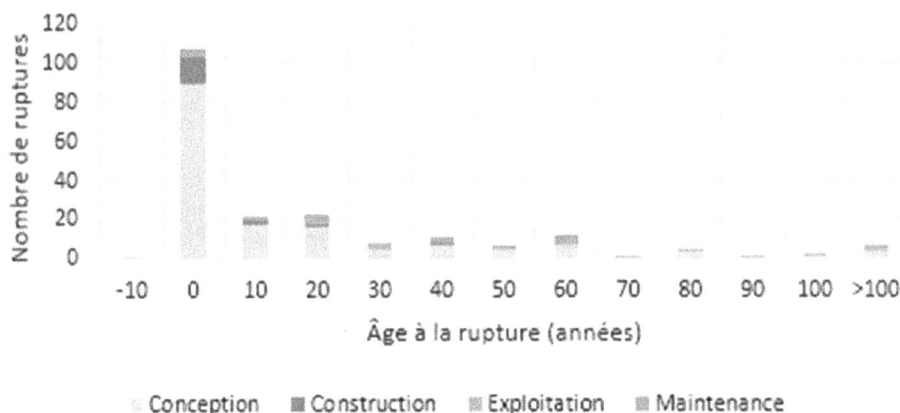

Causes organisationnelles vs âge à la rupture

Fig. 11.2
Les causes organisationnelles par rapport à l'âge de l'échec

Les insuffisances de conception sont les principales causes de ruptures, même après 100 ans. Au contraire, les insuffisances de la construction ont un effet immédiat pendant les 10 premières années, mais ne sont plus une cause de rupture après 40 ans.

11.2. CAUSES TECHNIQUES

Les causes techniques ont été regroupées comme suit (lorsque plusieurs causes étaient indiquées, seule la première a été retenue) :

- Préoccupations géotechniques : 146 cas

- Défaillance hydromécanique : 10 cas

- Capacité insuffisante de l'évacuateur (*) : 71 cas

- Vieillissement des matériaux : 3 cas

- Déficience structurelle : 23 cas

(*) Ces cas sont tous liés à la submersion du barrage avec trois causes identifiées : débitance installée insuffisante (40 cas), débitance disponible insuffisante (13 cas), revanche insuffisante (5 cas) et 13 cas sans précision.

La Figure 11-3 ci-dessous présente ces causes techniques en fonction des types de barrages, le premier chiffre indiquant le nombre de ruptures de barrages, le second le pourcentage de chaque cause technique par type de barrage (ce qui permet de mieux distinguer les causes). Pour les barrages-voûtes, la seule cause est géotechnique et se réfère évidemment aux déficiences des fondations (par exemple Malpasset). Les ruptures des barrages poids ont des causes géotechniques et structurelles à peu près à égalité. La débitance ou la disponibilité insuffisante des évacuateurs jouent également un rôle. Pour les barrages en enrochement, l'insuffisance de l'évacuateur de crues est la cause la plus importante de rupture. Enfin, pour les barrages en terre, les déficiences géotechniques sont logiquement la cause de rupture la plus importante, les insuffisances du déversoir étant la seconde.

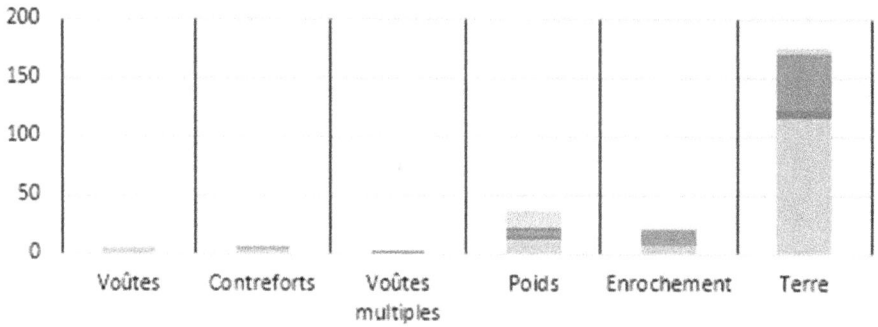

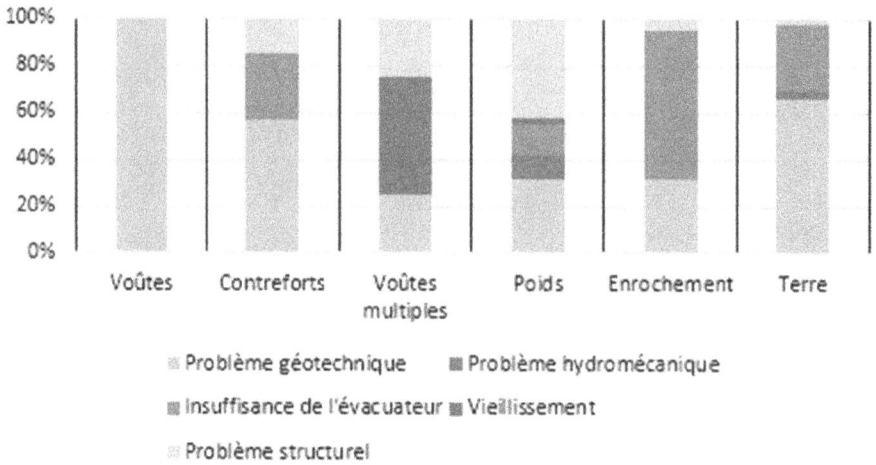

Fig. 11.3

Causes techniques de rupture par rapport au type de barrage en nombre et en pourcentage

La Figure 11-4 présente la répartition de ces causes en fonction de l'année de construction.

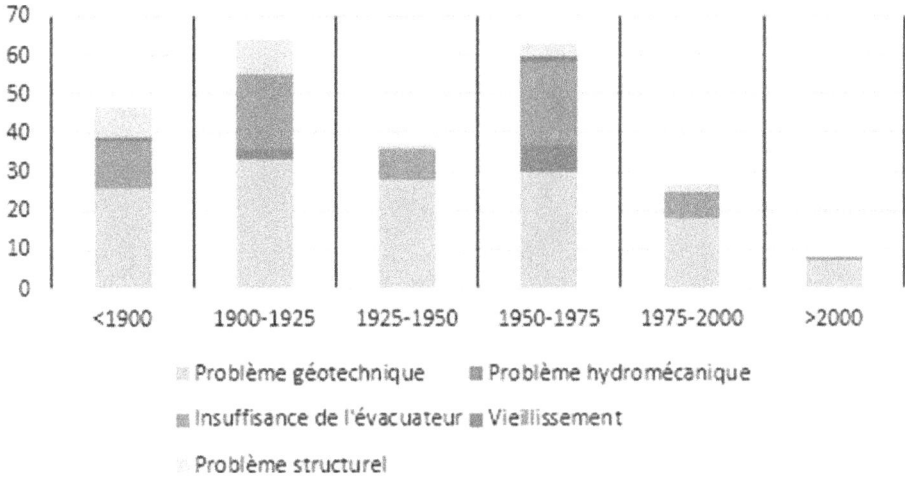

Cause des ruptures par période de construction

Légende :
- Problème géotechnique
- Problème hydromécanique
- Insuffisance de l'évacuateur
- Vieillissement
- Problème structurel

Fig. 11.4
Cause des ruptures par année de construction

On peut déduire de cette figure que les barrages construits avant 2000 présentent à peu près le même type de causes de défaillance technique, avec quelques variations entre les périodes, mais les problèmes géotechniques étant toujours une cause principale. Pour les barrages construits après 2000, on peut dire que la cause principale fait clairement référence aux problèmes géotechniques.

11.3. CONCLUSIONS

En examinant les causes de rupture par rapport à la période de rupture (Figure 11-5), trois commentaires peuvent être faits :

- Pour la dernière période (depuis 2000), aucune cause structurelle n'a été identifiée comme cause de rupture.

- La débitance inadéquate des évacuateurs a été une cause importante de rupture, et son pourcentage a augmenté depuis la période 1975-2000 pour atteindre presque 50% des causes de rupture depuis 2000.

- Cela peut s'expliquer par le fait que de nombreux barrages ont été conçus à l'origine pour une crue de projet inférieure à celle nécessaire, car les données sur les crues étaient rares et les méthodes de calcul des crues étaient d'un "niveau inférieur" à celui d'aujourd'hui (les crues de projet étaient donc sous-estimées). En outre, dans de nombreuses régions du monde, la tendance est à l'augmentation des crues. D'autre part, la cause structurelle est aujourd'hui moins importante. Une explication pourrait être que les barrages affectés par de graves problèmes structurels ont déjà cédé et que les barrages construits après 1975 sont mieux conçus.

Ratio de ruptures par cause et période de rupture

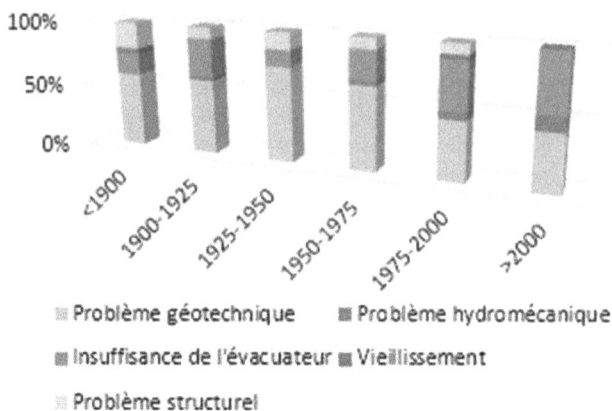

Fig. 11.5
Ratio de ruptures par cause et période de ruptures

La relation entre les causes organisationnelles et les causes techniques est illustrée dans la Figure 11-6. Pour les causes organisationnelles de conception, les problèmes géotechniques représentent environ 2/3 des ruptures. Pour les causes organisationnelles de construction, les problèmes géotechniques et la débitance inadéquate de l'évacuateur de crues représentent chacune environ la moitié des ruptures. Pour les causes organisationnelles liées à l'exploitation et à la maintenance, la débitance inadéquate du déversoir est présente dans environ 50% des ruptures.

Causes organisationnelles / techniques

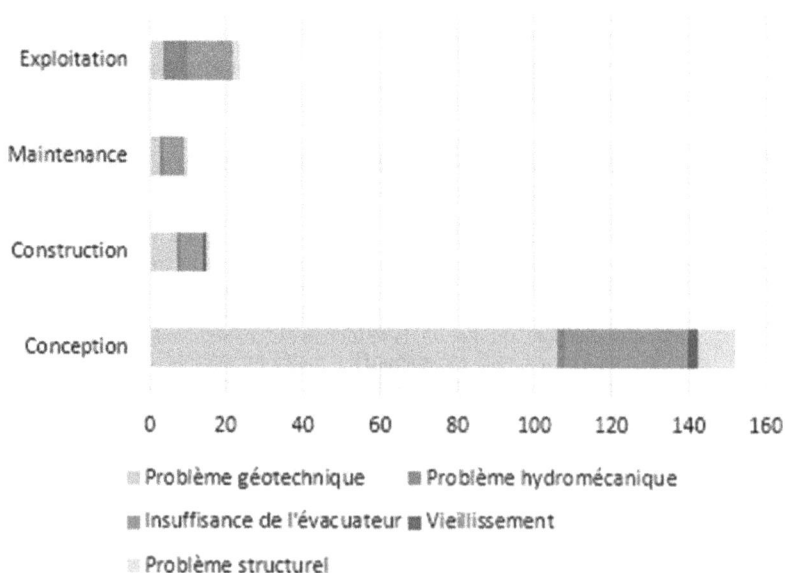

Fig. 11.6
Les causes organisationnelles et techniques

12.   CONCLUSION

En conclusion de cette mise à jour du bulletin 99 "Dam failures - Statistical analysis", on peut affirmer que :

- Trois bulletins de la CIGB ont été spécifiquement développés pour la description et l'analyse statistique des incidents de barrage. Le dernier était le bulletin 99 publié en 1995. A cette date, 202 ruptures de barrages ont été identifiées par les documents "officiels" de la CIGB.

- La présente mise à jour ajoute 120 cas de ruptures supplémentaires : 65 survenus avant 1993 et 55 au cours de la période 1993-2018.

- Il existe des différences importantes dans la précision et la fiabilité des déclarations de ruptures entre les pays de la CIGB, ce qui oblige à écarter certaines données pour ne pas fausser les résultats de l'analyse statistique.

- Le ratio du nombre de ruptures divisé par le nombre total de grands barrages existants diminue continuellement de 1,42% pendant les années 1900-1925 à 0,12% depuis 2000. Cependant, le ratio des barrages rompus construits pendant une certaine période apporte une vision moins positive. Ce ratio était de 0,29% pour les années 1975–1999 et il est de 0,38% depuis 2000.

- Comme indiqué dans le Bulletin 99, les dix premières années de vie d'un barrage sont toujours la période où 50% des ruptures se produisent. Pour les barrages-voûtes et les barrages à contreforts, ce pourcentage est de 100%.

- Pour les barrages d'une hauteur comprise entre 15 et 75 m, le ratio des ruptures par rapport aux barrages existants de la même hauteur est assez constant. Pour les barrages plus hauts, il diminue de manière significative. À ce jour, aucun barrage de plus de 100 m de haut n'a cédé.

- Il n'y a pas d'influence significative du type de barrage et de la taille du réservoir sur le taux de rupture. Le nombre de ruptures de barrages à voûtes multiples et de barrages à contreforts est trop faible pour être statistiquement significatif.

- Les ruptures de barrages se produisent soit en fonctionnement normal, soit lors de crues, ces deux contextes représentant 90% des contextes des ruptures, le contexte de crue étant légèrement plus important. Depuis 2000, 70% des ruptures se sont produites pendant des crues.

- Les trois modes de défaillance des barrages en remblai sont la submersion (40%), l'érosion interne (39%) et la rupture structurelle (21%).

- Pour les barrages rigides, la rupture de la fondation et l'érosion interne dans la fondation sont les modes dominants. Les ruptures structurelles du barrage se produisent principalement dans les barrages poids en maçonnerie.

- En ce qui concerne les causes organisationnelles, on peut affirmer qu'une conception ou une construction inadéquate sont de loin les principales causes identifiées pour les barrages en béton de type voûte, contrefort et multi-voûte. Pour les autres types de barrages (poids, remblai), une exploitation inadéquate pendant les crues semble jouer un rôle dans environ 20% des ruptures.

- Les causes techniques sont différentes selon les types de barrages : Les ruptures des fondations sont la cause dominante pour les barrages-voûtes et les barrages à contreforts. Pour les barrages poids en maçonnerie, les ruptures structurelles du corps du barrage sont une cause technique importante. Pour les autres barrages poids, les ruptures structurelles sont aussi importantes que les ruptures des fondations, tandis que la débitance inadéquate de l'évacuateur de crue est également une des causes. Pour les barrages en terre, les deux causes dominantes sont les problèmes géotechniques (66% des causes) et la débitance inadéquate du déversoir (28%). Pour les barrages en enrochement, ces deux mêmes causes dominantes sont réparties différemment, les défaillances géotechniques ne représentant que 32% et la débitance inadéquate du déversoir 64%.

13. RÉFÉRENCES

ICOLD, 1974, Leçons tirées des incidents de barrage, Publication CIGB

ICOLD, 1983, Détérioration de barrages et réservoirs, Recueil de cas et analyse, Publication CIGB

ICOLD, Bulletin 99, Ruptures de barrages, Analyse statistique, CIGB 1995

ICOLD, Bulletin 82, Sélection de l'inondation du design - CIGB 1992

ICOLD, Bulletin 109 Barrages de moins de 30 m de hauteur - Économies et amélioration de la sécurité - CIGB 1997

ICOLD, Bulletin 120 Caractéristiques de conception des barrages pour résister aux mouvements sismiques du sol – CIGB 2001

ICOLD, Bulletin 164 Érosion interne des barrages, levées et digues existants, et de leurs fondations, Publication CIGB

Jansen, Robert B. Dams and Public Safety. A Water Resources Technical Publication. U.S. Department of the Interior, Water and Power Resources Service, Denver, CO, 1980

DEFRA - Agence pour l'environnement - Rapport sur les preuves, Leçons tirées des incidents historiques de barrage : Delivering Benefits through evidence - août 2011

USCOLD Leçons tirées des incidents de barrage USA I (1975) et USA II (1988)

Registre Mondial des Barrages de la CIGB (WRD)

ANNEXE 1 - LISTE DE TOUTES LES RUPTURES DE BARRAGES (JUSQU'À MAI 2018)

Les acronymes utilisés pour les types de barrages, les contextes d'incidents, les modes d'incidents, les causes organisationnelles et les causes techniques sont définis en **Erreur ! Source du renvoi introuvable.**

Pays	Continent	Nom du barrage	Année de construction	Type de barrage	Hauteur (m)	Plage de hauteur	Année de la rupture	volume réservoir (hm³)	Contexte rupture	Mode de défaillance	causes organisa-tionnelles	Cause technique
Algérie	AFRIQUE	CHEURFAS	1884	PG (M)	42	H3	1885	10-25	NC	FF	BD	GC
Algérie	AFRIQUE	EL HABRA (B)	1871	PG (M)	35	H3	1881	25-50	UF	SFBD	BD	MA ST
Algérie	AFRIQUE	EL HABRA (C)	1871	PG (M)	43	H3	1927	25-50	EF	SFBD	BD	II MA
Algérie	AFRIQUE	SIG	1858	PG (M)	21	H2	1885	1-5	EO	SFBD SFFO	NN	II
Algérie	AFRIQUE	ST-LUCIEN	1861	TE	27	H2	1862	1-5	NC	IEFO	BD	GC
Algérie	AFRIQUE	TABIA	1876	TE	25	H2	1865	1-5	F	OT	BD	I
Argentine	AMERICA S.	PRESA FRIAS (PARDO) (ZANJON FRIAS)	1940	ER (CFRD)	15	H2	1970	0-1	EF	OT	BM	II
Arménie	EUROPE	ARTIK	1988	TE (Z)	18	H2	1994	1-5	NC	IESU	NN	GC
Arménie	EUROPE	MARMARIK	1974	TE (Z)	64	H41	1974	vide	NC	SFBD	BD BC	GC
Australie	AUSTRALIE-ASIE	BEDFORD WEIR	1968	PG	16	H2	2008	10-25	NC	DI	BO	HF
Australie	AUSTRALIE-ASIE	BRISEIS	1924	TE	24	H2	1929	1-5	F	OT	BD	II
Australie	AUSTRALIE-ASIE	CETHANA	1971	ER (Z)	15,2	H2	1968	vide	UF	OT	BC	II
Australie	AUSTRALIE-ASIE	KIANDRA	1881	TE	15	H2	1962	vide	NC	SF	NN	ONU

Pays	Continent	Nom du barrage	Année de construction	Type de barrage	Hauteur (m)	Plage de hauteur	Année de la rupture	volume réservoir (hm³)	Contexte rupture	Mode de défaillance	causes organisationnelles	Cause technique
Australie	AUSTRALIE-ASIE	LAANECOORIE	1889	TE/PG	22	H2	1909	5-10	F	OT	BD	I
Australie	AUSTRALIE-ASIE	LAC CAWNDILLA	1961	TE	19	H2	1962	500-1000	NC	IESU	BD	GC
Australie	AUSTRALIE-ASIE	LYELL DAM	1982	ER	51	H41	1999	25-50	NC	DI	BO	IA HF
Australie	AUSTRALIE-ASIE	OAKY	1956	ER/PG	18	H2	2013	1-5	UF	OT	BO	IA HF
Australie	AUSTRALIE-ASIE	REDBANK	1899	VA	16	H2		vide	ONU	DI	NN	ONU
Australie	AUSTRALIE-ASIE	RUISSEAU DU RETOUR	1900	TE	19	H2	1967	5-10	ONU	OT	NN	ONU
Bolivie	AMERICA S.	EL SALTO	1975	TE	15	H2	1976	0-1	NC	IEFO	NN	GC
Brésil	AMERICA S.	ACU (Armando Ribeiro Gonçalves)	1983	TE (Z)	40	H3	1981	>1000	NC	SFBD	BD	GC
Brésil	AMERICA S.	ALGODOES	2005	TE	21,6	H2	2009	50-100	UF	OT	BD	GC
Brésil	AMERICA S.	ARMANDO DE SALLES OLIVEIRA	1958	TE (H)	35	H3	1977	25-50	EF	OT	BD	SI
Brésil	AMERICA S.	BANABUIU	1966	ER	57,7	H41	1961	>1000	UF	SF	BD	GC
Brésil	AMERICA S.	BOA ESPERANCA	1976	TE	17	H2	1977	25-50	NC	OT	BD	GC
Brésil	AMERICA S.	CAMARA	2002	PG (RCC)	50	H41	2004	25-50	NC	FF	BD	GC
Brésil	AMERICA S.	EMA	1932	TE	18,5	H2	1940	5-10	NC	IE	BD	GC
Brésil	AMERICA S.	EUCLIDES DA CUNHA	1960	TE	60	H41	1977	10-25	UF	OT	BO	IA HF
Brésil	AMERICA S.	PAMPULHA	1940	TE	16,5	H2	1954	10-25	NC	IE	BD	GC
Brésil	AMERICA S.	SANTA HELENA	1979	ER (H)	28,5	H2	1985	100-500	NC	SF	NN	ONU
Bulgarie	EUROPE	IVANOVO	1962	TE	19	H2	2012	1-5	UF UO	OT	BO BD	IA
Canada	AMERICA N.	RIVIÈRE DE LA BATAILLE	1956	TE	14	H1	1956	10-25	ONU	IESU	BD	GC
Canada	AMERICA N.	ERINDALE 1 (CREDIT RIVER)	1906	TE (Z)	15,2	H2	1910	vide	UF	OT	BC	II

Pays	Continent	Nom du barrage	Année de construction	Type de barrage	Hauteur (m)	Plage de hauteur	Année de la rupture	volume réservoir (hm³)	Contexte rupture	Mode de défaillance	causes organisa-tionnelles	Cause technique
Canada	AMERICA N.	ERINDALE 2 (CREDIT RIVER 2)	1910	TE (Z)	15,2	H2	1912	vide	UF	OT	NN	SI
Canada	AMERICA N.	LAC HINDS	1980	TE/ER	12	H1	1982	>1000	NC	IEDB	BO	GC
Canada	AMERICA N.	KENOGAMI	1937	TE	21	H2	1996	vide	EF	OT	BM	II
Canada	AMERICA N.	CHUTE DE LOG		PG	14	H1	1923	25-50	ONU	ONU	NN	ONU
Canada	AMERICA N.	SCOTT FALLS	1921	TE PG	29	H2	1923	10-25	UF	OT	NN	SI
Canada	AMERICA N.	TESTALINDEN	1937	TE		H1	2010	vide	NC	OT	BM	IA
Chili	AMERICA S.	LLIU-LLIU	1934	TE	20	H2	1985	1-5	UQ	SF	NN	ST
Chili	AMERICA S.	MENA	1885	TE	17	H2	1887	0-1	ONU	IEDB	NN	GC
Chine	ASIA	BAIHE (PAIHO)	1960	TE (U)	66,4	H41	1976	>1000	UQ	SF	NN	GC
Chine	ASIA	BANQIAO	1956	TE	24,5	H2	1975	100-500	EF	OT	BD BO	II IA
Chine	ASIA	DONGKOUMIAO	1959	TE	22	H2	1971	1-5	NC	IE	NN	GC
Chine	ASIA	DOUHE	1956	TE (H)	16	H2	1976	vide	UQ	SF	NN	GC
Chine	ASIA	GOUHOU	1989	ER	71	H41	1993	1-5	NC	IEDB	NN	GC
Chine	ASIA	HENGJIANG	1960	TE	48,4	H3	1970	50-100	ONU	IE	NN	GC
Chine	ASIA	LIJIAZUI	1972	TE	25	H2	1973	1-5	ONU	OT	NN	ONU
Chine	ASIA	LIUJATAI	1959	XX	35,9	H3	1963	25-50	F	OT	NN	ONU
Chine	ASIA	MEIHUA	1981	VA (M)	22	H2	1981	0-1	NC	SFBD	BD	ST
Chine	ASIA	SHIJIAGOU	1973	TE	30	H3	1973	vide	F O	OT	NN	SI
Chine	ASIA	SHIMANTAN	1952	TE	25	H2	1975	50-100	F	OT	BD	II
Colombie	AMERICA S.	DEL MONTE		XX		H1	1976	vide	ONU	ONU	NN	ONU
Tchécoslovaquie	EUROPE	BILA DESNA	1915	TE	17	H2	1916	0-1	F	IE	BD BC	GC
Tchécoslovaquie	EUROPE	HUBACOV	1760	TE	6	H1	1974	5-10	UF	OT	BD	II
France	EUROPE	BOUZEY (A)	1880	PG (M)	22,9	H2	1884	5-10	NC	SFFO DI	BD	ST
France	EUROPE	BOUZEY (B)	1880	PG (M)	22,9	H2	1895	5-10	NC	SFBD	BD	ST
France	EUROPE	MALPASSET	1954	VA	66	H41	1959	25-50	UF	SFFO	BD	GC

Pays	Continent	Nom du barrage	Année de construction	Type de barrage	Hauteur (m)	Plage de hauteur	Année de la rupture	volume réservoir (hm³)	Contexte rupture	Mode de défaillance	causes organisationnelles	Cause technique
France	EUROPE	MIRGENBACH	1983	TE	19	H2	1982	vide	NC	SFBD	BC	GC
France	EUROPE	MONDELY	1980	TE (H)	24	H2	1981	1-5	NC	SFBD	BC	GC
France	EUROPE	TUILIERES	1912	PG (M)	31	H3	2006	1-5	NC	DI	BM	HF
Allemagne	EUROPE	EDER	1914	PG (M)	48	H3	1943	100-500	HH	SF	NN	ST
Allemagne	EUROPE	GLASHUETTE	1953	TE	9,5	H1	2002	0-1	EF	OT	BD	=
Allemagne	EUROPE	MOHNE	1913	PG (M)	40	H3	1943	100-500	HH	SF	NN	ST
Allemagne	EUROPE	MULDENBERG	1925	PG (M)	25	H2	1945	5-10	HH	SF	BO	ST
Inde	ASIA	AHRAURA	1953	TE	26	H2	1953	50-100	UF	IE	BD	GC
Inde	ASIA	ASHTI	1881	TE (Z)	22,5	H2	1933	25-50	NC	SFBD	NN	GC
Inde	ASIA	RÉSERVOIR DE BHIMLAT	1958	CB (M)	17	H2	2008	10-25	UF	OT	BD	=
Inde	ASIA	CHANG	1963	TE (Z)	15,5	H2	2001	5-10	UQ	SF	NN	GC
Inde	ASIA	CHIKKAHOLE	1966	PG (M)	30	H3	1972	10-25	F	SFBD	BO/BD/BC	ST
Inde	ASIA	DANTIWADA	1969	TE PG	61	H41	1973	100-500	EF	OT	BD	?
Inde	ASIA	DHANIBARA	1975	TE	20,7	H2	1976	50-100	ONU	OT	NN	ONU
Inde	ASIA	GARARDA	2009	TE	32	H3	2010	25-50	ONU	IE		GC
Inde	ASIA	GUDDAH	1956	TE	28	H2	1956	vide	ONU	ONU	BC	ONU
Inde	ASIA	GURUJORE	1984	TE PG	12	H1	2004	1-5	EF	IEFO	NN	=
Inde	ASIA	JASWANT SAGAR	1889	PG (M)	43	H3	2007	25-50	NC	IEFO	NN	GC
Inde	ASIA	KADDAM	1957	TE	41	H3	1958	100-500	EF	OT	BC	HF IA
Inde	ASIA	KAILA	1955	TE	26	H2	1959	10-25	ONU	SFFO	BD	GC
Inde	ASIA	KEDAR NALA	1964	TE	20	H2	1964	10-25	NC	IE	BD	GC
Inde	ASIA	KHADAKWASLA	1879	PG (M)	33	H3	1961	100-500	EF	OT	NN	ST
Inde	ASIA	KHARAGPUR	1956	TE	24	H2	1961	50-100	F	OT	BD	=
Inde	ASIA	KODAGANAR	1983	TE	16	H2	1977	10-25	UF	OT	NN	=
Inde	ASIA	KOHODIAR (Shetrunji)	1963	TE PG	36	H3	1983	25-50	ONU	ONU	BD	ONU

Pays	Continent	Nom du barrage	Année de construction	Type de barrage	Hauteur (m)	Plage de hauteur	Année de la rupture	volume réservoir (hm³)	Contexte rupture	Mode de défaillance	causes organisationnelles	Cause technique
Inde	ASIA	KUNDLI	1924	PG (M)	45	H3	1925	1-5	F	SF	BC	ST
Inde	ASIA	KHAJURI INFÉRIEUR	1949	TE PG (M)	16	H2	1949	25-50	NC	IEFO	BD BC	GC
Inde	ASIA	MACCHU-II	1972	TE PG (M)	24,7	H2	1979	50-100	UF	OT	BD	II
Inde	ASIA	MANIVALI	1975	TE	18,4	H2	1976	1-5	ONU	IE	NN	ONU
Inde	ASIA	MITTI	1982	TE	17	H2	1988	10-25	ONU	OT	NN	ONU
Inde	ASIA	NANAK SAGAR	1962	TE (H)	16,5	H2	1967	100-500	NC	IEFO	NN	ONU
Inde	ASIA	NANDGAVHAN	1977	PG (M) TE	19	H2	2005	1-5	UF	SFBD	NN	II
Inde	ASIA	PAGARA	1927	TE PG (M)	30	H3	1943	50-100	UF	SF	BD	II
Inde	ASIA	PALEM VAGU	2008	TE	46	H3	2008	25-50	NC	IEFO	BD	GC
Inde	ASIA	PANSHET	1961	TE	49	H3	1961	100-500	EF	OT	BC	GC
Inde	ASIA	TAPPAR	1976	TE (H)	15,5	H2	2001	25-50	UQ	SFBD	NN	GC
Inde	ASIA	TIGRA	1917	PG (M)	25	H2	1917	100-500	UF	OT	BD	GC
Inde	ASIA	WAGHAD	1883	TE	32	H3	1883	10-25	ONU	OT	NN	ONU
Indonésie	ASIA	SEMPOR	1967	ER	54	H41	1967	50-100	F	OT	BD	ONU
Indonésie	ASIA	SITU GINTUNG	1932	TE/ER	16	H2	2009	1-5	F	OT	BM	GC
Iran	ASIA	GOTVAND	1977	ER	22	H2	1980	vide	ONU	OT	BD	ONU
Iran	ASIA	SAVEH	1300	PG (M)	25	H2	1380	vide	ONU	IEFO	NN	ST
Irak	ASIA	CHAQ-CHAQ	2005	TE	14,5	H1	2006	1-5	F	OT	BD	GC
Irak	ASIA	DIBBIS (DIBIS)	1966	ER	17	H2	1984	25-50	F	OT	BM	IA
Italie	EUROPE	GLENO	1923	MV PG(M)	29	H2	1923	1-5	NC	SFBD	BD	ST
Italie	EUROPE	RUTTE	1952	MV	15	H2	1965	0-1	NC	IE	NN	GC
Italie	EUROPE	SUBIACO	60	PG (M)	40	H3	1305	vide	ONU	SFFO	NN	ST
Italie	EUROPE	RÉSERVOIR DE VAJONT	1960	VA	265,5	H5	1963	vide	NC	NN	BD	GC
Italie	EUROPE	ZERBINO	1924	PG	16	H2	1935	5-10	EF	OT	BD	GC
Japon	ASIA	ASHIZAWA	1912	TE	15	H2	1956	vide	EF	OT	BD	II

Pays	Continent	Nom du barrage	Année de construction	Type de barrage	Hauteur (m)	Plage de hauteur	Année de la rupture	volume réservoir (hm³)	Contexte rupture	Mode de défaillance	causes organisationnelles	Cause technique
Japon	ASIA	FUJINUMA-IKE	1949	TE	18,5	H2	2011	1-5	EQ	SFBD	BD	GC
Japon	ASIA	HEIWA IKE	1949	TE	19,6	H2	1951	0-1	EF	OT	BD	II
Japon	ASIA	IRUKA - IKE (A)	1633	TE	26	H2	1868	10-25	UF	OT	BD	GC
Japon	ASIA	KOMORO	1927	CB	15	H2	1928	0-1	NC	FF	BD	GC
Japon	ASIA	OGAYARINDO TAMEIKE	1944	TE	19	H2	1963	0-1	UF UO	OT	BO	II IA
Kenya	AFRIQUE	SOLAI	1980	TE	25	H2	2018	0-1	UF	IE OT	BD BM	GC
Corée (S)	ASIA	HWACHON	1944	PG	81,4	H42	1951	>1000	HH	DI	NN	ONU
Corée (S)	ASIA	HYOGIRI	1940	TE	15,6	H2	1961	0-1	F	IE	NN	ONU
Laos	ASIA	NAM AO 7	2017	TE		H1	2017	vide	F	ONU	NN	ONU
Laos	ASIA	XE NAMNOY selle barrage	2018	TE	16	H2	2018	500-1000	UF	IE	NN	ONU
Lesotho	AFRIQUE	MAFETENG	1988	TE	17	H2	1987	vide	NC	IESU	BD BC	GC
Libye	AFRIQUE	GHATTARA	1972	TE	38,5	H3	1977	5-10	ONU	IE	BD	GC
Mexique	AMERICA S.	EL ESTRIBON	1946	TE	21	H2	1963	vide	NC	SFBD	BD	GC
Mexique	AMERICA S.	BARRAGE DE LA LAGUNA, HGO	1912	TE	17	H2	1969	25-50	NC	IE	BD	GC
Mexique	AMERICA S.	LA PAZ		TE	10	H1	1976	vide	EF	OT	BD	-
Mexique	AMERICA S.	SANTA ANA ACAXOCHITLAN	1910	TE	12	H1	1925	5-10	NC	SF	BD	GC
Mexique	AMERICA S.	SANTA CATALINA		PG (M)	15	H2	1906	vide	F	OT	NN	-
Népal	ASIA	KOSHI (KOSI)	1962	ER		H1	2008	vide	UF	OT	NN	ONU
Pays-Bas	EUROPE	Digue secondaire Wilnis	1700	TE	5	H1	2003	10-25	UO	SFBD	BO	GC
Nouvelle-Zélande	AUSTRALIE-ASIE	OPUHA	1999	TE	50	H41	1997	50-100	F	OT	BO	ONU
Nouvelle-Zélande	AUSTRALIE-ASIE	RUAHIHI	1981	ER	32	H3	1981	25-50	NC	IE	NN	GC

Pays	Continent	Nom du barrage	Année de construction	Type de barrage	Hauteur (m)	Plage de hauteur	Année de la rupture	volume réservoir (hm³)	Contexte rupture	Mode de défaillance	causes organisa-tionnelles	Cause technique
Nigeria	AFRIQUE	BAGAUDA	1970	TE	20	H2	1988	10-25	ONU	OT	NN	ONU
Nigeria	AFRIQUE	CHAM	1992	TE (Z)	5	H1	1998	5-10	ONU	OT IE SFBD	BD	GC
Nigeria	AFRIQUE	GUSAU	1975	ER		H1	2006	vide	EF	OT	BO	IA HF
Norvège	EUROPE	ROPPA	1920	TE (Z)	9,6	H1	1976	1-5	NC	IEDB	BD BC	GC
Norvège	EUROPE	STORVATN DAM	1960	PG	10	H1	1979	1-5	UF	OT	BO	HF IA
Pakistan	ASIA	BOLAN	2003	TE/ER	19	H2	1976	50-100	F	OT	BO	=
Pakistan	ASIA	SHAKIDOR	1945	ER		H1	2005	vide	EF	OT	NN	GC
Paraguay	AMERICA S.	RINCON	1951	TE/ER	50	H41	1959	>1000	ONU	OT	NN	ONU
Philippines	ASIA	SANTO TOMAS	1962	TE	43	H3	1976	vide	ONU	OT	NN	ONU
Pologne	EUROPE	NIEDOW (WITKA)	1970	TE PG	16,7	H2	2010	1-5	F	OT	BO	HF IA
Rhodésie	AFRIQUE	FERME MSINJE	1963	TE	16	H2	1974	0-1	ONU	SF	BD	GC
Roumanie	EUROPE	BELCI	1934	PG TE	18	H2	1991	10-25	F	OT	BO	HF IA
Russie	EUROPE	NIZHNE SVIRSKAYA	1980	TE	28	H2	1935	>1000	EO HH	SF	BO	GC
Russie	EUROPE	SARGAZONSKAYA	1977	TE	23	H2	1987	1-5	ONU	OT	NN	ONU
Slovénie	EUROPE	FORMIN	1990	PG TE	49	H3	2012	10-25	F	IEDB	BD	GC
Slovénie	EUROPE	PRIGORICA	1922	TE	9,6	H1	1992	vide	NC	IE/SF	BD	GC
Afrique du Sud	AFRIQUE	BELLAIR	1925	TE	16	H2	2003	5-10	EF	OT	BD	=
Afrique du Sud	AFRIQUE	BON ACCORD		TE	18	H2	1937	5-10	NC	SF	BO	GC
Afrique du Sud	AFRIQUE	DADELVLAK	1967	TE		H1	1998	0-1	NC	IE	BD	GC
Afrique du Sud	AFRIQUE	FRY	1983	TE	21	H2	2000	1-5	EF	OT	BD	-
Afrique du Sud	AFRIQUE	GLEN UNA	1967	TE	15	H2	1988	vide	EF	OT	NN	=
Afrique du Sud	AFRIQUE	KOOS DE BEER (Welgevonden N°1)	1982	XX	15	H2	2000	0-1	EF	OT	BD	=
Afrique du Sud	AFRIQUE	KRUIN	1963	TE	22	H2	1994	0-1	NC	IEDB IESU	BD BC	GC
Afrique du Sud	AFRIQUE	LEBEA	1920	TE/VA	18	H2	2000	10-25	EF	OT	BD	=
Afrique du Sud	AFRIQUE	LEEU GAMKA		TE	15	H2	1928	5-10	NC	IEDB	BD	GC

Pays	Continent	Nom du barrage	Année de construction	Type de barrage	Hauteur (m)	Plage de hauteur	Année de la rupture	Volume réservoir (hm³)	Contexte rupture	Mode de défaillance	Causes organisationnelles	Cause technique
Afrique du Sud	AFRIQUE	MAMBEDI LOWER	1985	TE	22	H2	2000	5-10	EF	DI	BD	ST
Afrique du Sud	AFRIQUE	RÉSERVOIR DE MOLTENO	1881	TE	15	H2	1882	0-1	NC	IEDB	BD BC	GC ST
Afrique du Sud	AFRIQUE	SYNDICAT SMARTT	1912	TE	28	H2	1961	50-100	UF	IE OT	NN	GC
Afrique du Sud	AFRIQUE	SPITSKOP	1974	TE	19	H2	1988	50-100	EF	OT	BC	=
Afrique du Sud	AFRIQUE	TIERPOORT	1922	TE	19	H2	1988	25-50	EF	OT	NN	=
Afrique du Sud	AFRIQUE	XONXA	1974	TE/ER	48	H3	1972	100-500	UF	OT	BC	=
Afrique du Sud	AFRIQUE	ZOEKNOG		TE	38	H3	1993	5-10	NC	IEDB	BD BC	GC
Espagne	EUROPE	FONSAGRADA	1958	MV	20	H2	1987	0-1	NC	DI	BD BC	MA
Espagne	EUROPE	GASCO	1796	PG (M)	54	H41	1796	1-5	UF	SF	BD	ONU
Espagne	EUROPE	GRANADILLAR (Toscón)	1932	PG (M)	26	H2	1934	0-1	UF	IEFO	BD	GC
Espagne	EUROPE	ODIEL	1970	ER	35	H3	1968	1-5	UF	OT	BD BO	IF II
Espagne	EUROPE	ORJALES	1958	MV (M)	13,1	H1	1994	0-1	NC	SF	BC	MA
Espagne	EUROPE	PUENTES II	1791	PG (M)	50	H41	1802	10-25	NC	IEFO	BD	GC
Espagne	EUROPE	TOUS	1978	ER	70,5	H41	1982	50-100	UF	OT	BO	IA HF
Espagne	EUROPE	VEGA DE TERA	1956	CB (M)	34	H3	1959	5-10	NC	SF	BD	ST
Espagne	EUROPE	XURIGUERA	1902	PG (M)	42	H3	1944	1-5	UF	OT	BO	IA
Sri Lanka	ASIA	KANTALE	1869	TE	18,3	H2	1986	100-500	NC	IE	BM	ST
Suède	EUROPE	HÄSTBERGA	1953	TE	14	H1	2010	1-5	UF	OT	BO BM	IA HF
Suède	EUROPE	NOPPIKOSKI	1967	TE (Z)	18	H2	1985	0-1	UF	OT	BO	HF II
Suède	EUROPE	SELSFORS	1944	CB	20	H2	1943	5-10	NC	IEFO SFFO	BD	GC
Syrie	ASIA	ZEIZOUN	1999	ER/TE (Z)	32	H3	2002	50-100	F	OT	NN	ONU
Taiwan	ASIA	SHIH KANG	1997	PG	25	H2	1999	1-5	EQ	SFFO	BD	ST
Turquie	EUROPE	ELMALI I	1892	PG(M) TE	23	H2	1916	1-5	F	OT	NN	ONU

Pays	Continent	Nom du barrage	Année de construction	Type de barrage	Hauteur (m)	Plage de hauteur	Année de la rupture	volume réservoir (hm³)	Contexte rupture	Mode de défaillance	causes organisa-tionnelles	Cause technique
Ukraine	EUROPE	BABII YAR	1932	TE	43	H1	1961	0-1	UF	OT	BD	ONU
Ukraine	EUROPE	DNJEPROSTROJ (A)	1965	PG	48	H3	1941	>1000	HH	SFBD	NN	ONU
Royaume-Uni	EUROPE	BALDERHEAD	1965	TE/ER	20	H3	1967	10-25	NC	IEDB	BD	GC
Royaume-Uni	EUROPE	BILBERRY	1845	TE	20	H2	1852	0-1	EF	OT	BD	GCI
Royaume-Uni	EUROPE	BLACKBROOK I	1797	TE	28	H2	1799	0-1	NC	IESU SF OT	BD	GC
Royaume-Uni	EUROPE	BLACKBROOK II	1801	PG (M)		H1	1804	vide	ONU	ONU	BD	GC
Royaume-Uni	EUROPE	COETDY	1924	ER	11	H1	1925	0-1	EF	OT	NN	ONU
Royaume-Uni	EUROPE	DALE DYKE	1863	TE	29	H2	1864	1-5	NC	SFBD OT	BD	GC
Royaume-Uni	EUROPE	EIGIAU	1908	PG	10,7	H1	1925	1-5	NC	IEFO	BD BC	ST
Royaume-Uni	EUROPE	KILLINGTON	1820	TE	18	H2	1836	1-5	ONU	OT	NN	ONU
Royaume-Uni	EUROPE	LAMBIELETHAM	1899	TE	15	H2	1984	vide	UF	IEDB	BD	GC
Royaume-Uni	EUROPE	EAU MAICH	1850	TE	9	H1	2008	0-1	UF	OT	BD	=
Royaume-Uni	EUROPE	NANT Y GRO	1900	PG (M)	9,1	H1	1942	0-1	NC	SF	NN	ST
Royaume-Uni	EUROPE	RHODESWORTH	1855	TE	21	H2	1852	1-5	ONU	ONU	NN	ONU
Royaume-Uni	EUROPE	TORSIDE	1855	TE	31	H3	1854	5-10	ONU	OT	NN	ONU
Royaume-Uni	EUROPE	WARMWITHENS	1870	TE	10	H1	1970	0-1	NC	IESU	BD	GC
Royaume-Uni	EUROPE	WHINHILL	1828	TE	12	H1	1835	0-1	UF	IEDB	BD	GC
USA	AMERICA N.	ALEXANDER	1930	TE	29	H2	1930	1-5	NC	SF	BC	GC
USA	AMERICA N.	ANACONDA	1898	TE	22	H2	1938	0-1	ONU	IE	NN	GC
USA	AMERICA N.	ANGELS		PG (M)	15,6	H2	1895	vide	ONU	IEFO	NN	GC
USA	AMERICA N.	APISHAPA	1920	TE (H)	35	H3	1923	10-25	NC	IEDB	BC	GC
USA	AMERICA N.	BARRAGE D'ASHLEY (PITTSFIELD)	1908	CB	18	H2	1909	0-1	NC	IEFO	BD	GC
USA	AMERICA N.	AUSTIN II	1893	PG (M)	18,3	H2	1893	vide	NC	SFFO	NN	ST

Pays	Continent	Nom du barrage	Année de construction	Type de barrage	Hauteur (m)	Plage de hauteur	Année de la rupture	volume réservoir (hm³)	Contexte rupture	Mode de défaillance	causes organisa-tionnelles	Cause technique
USA	AMERICA N.	AUSTIN II	1915	CB (M)	20,7	H2	1915	10-25	F	OT	NN	ONU
USA	AMERICA N.	AUSTRIAN DAM (Lac Elsman)	1950	TE (H)	56,4	H41	1989	5-10	EQ	SFBD	NN	GC
USA	AMERICA N.	AVALON I	1889	TE/ER	17,5	H2	1893	vide	UF	OT	NN	II
USA	AMERICA N.	AVALON II	1894	TE/ER	18	H2	1905	vide	NC	IE	NN	GC
USA	AMERICA N.	B. EVERETT JORDAN	1974	TE (Z)		H1	1972	50-100	ONU	IE	BD	GC
USA	AMERICA N.	BALDWIN HILLS	1951	TE	71	H41	1963	10-25	NC	IEFO SFBD	NN	GC
USA	AMERICA N.	BALSAM	1927	TE	18	H2	1929	vide	UF	OT	BD	GC
USA	AMERICA N.	BAYLESS II	1909	PG	15,8	H2	1910	1-5	UF	SFFO	BD	ST
USA	AMERICA N.	BIG BAY	1992	TE	17,4	H2	2004	25-50	NC	IESU	BD BC BM	GC
USA	AMERICA N.	BLACK ROCK (ZUNI)	1907	ER	21	H2	1909	10-25	NC	IE	BD	GC
USA	AMERICA N.	BULLY CREEK	1913	ER (Z)	38,1	H3	1925	10-25	UF	OT	BC	II
USA	AMERICA N.	CALAVERAS (A)	1918	TE	67	H41	1918	100-500	NC	SF	BD	GC
USA	AMERICA N.	LAC CANYON		TE	7	H1	1972	vide	EF	OT	BO	ONU
USA	AMERICA N.	CASTLEWOOD	1890	ER	28	H2	1933	1-5	ONU	IE OT	NN	ONU
USA	AMERICA N.	LAC CAULK	1950	TE	20	H2	1973	0-1	NC	IE	BD	GC
USA	AMERICA N.	CAZADERO	1906	ER	21	H2	1965	10-25	UF	OT	BD	ST
USA	AMERICA N.	CENTER CREEK NO. 1	1869	TE (H)	19	H2	1973	0-1	UF	OT	BO	IA
USA	AMERICA N.	CHAMBERS LAKE I	1885	TE	15	H2	1891	vide	ONU	OT	NN	ONU
USA	AMERICA N.	LAC CHAMBERS II	1885	TE	15	H2	1907	5-10	ONU	OT	NN	ONU
USA	AMERICA N.	CHEOHA CREEK		TE	28	H2	1970	10-25	F	OT	NN	ONU
USA	AMERICA N.	CORPUS CHRISTI (BARRAGE DE LA FRUTTA)	1930	TE	19	H2	1930	50-100	NC	IEFO	BD	GC

137

Pays	Continent	Nom du barrage	Année de construction	Type de barrage	Hauteur (m)	Plage de hauteur	Année de la rupture	volume réservoir (hm³)	Contexte rupture	Mode de défaillance	causes organisationnelles	Cause technique
USA	AMERICA N.	LAC CRISTAL	1860	TE	15,2	H2	1961	vide	NC	IE	NN	ONU
USA	AMERICA N.	CUBA	1851	TE	15,7	H2	1868	0-1	ONU	IE	NN	ONU
USA	AMERICA N.	Barrage D.M.A.D.	1960	TE	10	H1	1983	10-25	EF	SFFO	NN	GC
USA	AMERICA N.	DELHI (barrage de Hartwick)	1929	TE PG	18	H2	2010	1-5	F	OT	BO BD BM	IA HF
USA	AMERICA N.	DYKSTRA	1903	ER	15,2	H2	1926	vide	F	OT	NN	ONU
USA	AMERICA N.	ELWHA (barrage de l'Olympic Power Company)	1911	PG (M)	34	H3	1912	25-50	NC	IEFO	BD	GC
USA	AMERICA N.	EMERY (A)	1850	TE	16	H2	1904	0-1	NC	IE	BD	GC
USA	AMERICA N.	EMERY (B)	1948	TE	16	H2	1966	0-1	NC	IE	BD BM	GC
USA	AMERICA N.	ANGLAIS	1878	ER	30,5	H3	1883	10-25	NC	ONU	NN	GC
USA	AMERICA N.	FORSYTHE	1920	TE	20	H2	1921	vide	NC	IESU SFBD	BD	HF
USA	AMERICA N.	FORT PECK	1940	TE	76	H42	1938	>1000	NC	SFFO	BD	GC
USA	AMERICA N.	FRED BURR	1947	TE (Z)	16	H2	1948	0-1	NC	IEDB	NN	GC
USA	AMERICA N.	CULTIVATEURS DE FRUITS	1898	TE	12,2	H1	1937	1-5	F	SFBD	BD	GC
USA	AMERICA N.	GALLINAS	1910	PG (M)	29	H2	1957	0-1	F	ONU	NN	ONU
USA	AMERICA N.	RUISSEAU DE L'OIE	1900	ER	20	H2	1900	vide	F	OT	BD	ONU
USA	AMERICA N.	LAC GRAHAM	1922	TE	34	H3	1923	100-500	ONU	IE	BD	GC
USA	AMERICA N.	GREENLICK	1901	TE	19	H2	1904	0-1	NC	IEDB IEFO	BD	GC
USA	AMERICA N.	HATCHTOWN	1908	TE	18,9	H2	1914	10-25	NC	IE	NN	ONU
USA	AMERICA N.	LAC HAUSER I	1906	XX	21	H2	1908	50-100	NC	IEFO	BD	GC
USA	AMERICA N.	LAC HAUSER II	1911	PG (M)	40	H3	1969	100-500	ONU	ONU	NN	ONU
USA	AMERICA N.	HEBRON (A)	1913	TE	17	H2	1914	vide	NC	IEDB	BD	GC
USA	AMERICA N.	HEBRON (B)	1913	TE	17	H2	1942	vide	NC	SF OT	BD	GC

Pays	Continent	Nom du barrage	Année de construction	Type de barrage	Hauteur (m)	Plage de hauteur	Année de la rupture	volume réservoir (hm³)	Contexte rupture	Mode de défaillance	causes organisa-tionnelles	Cause technique
USA	AMERICA N.	HELL HOLE (plus bas)	1966	ER	30	H3	1964	100-500	UF	OT	BC	II
USA	AMERICA N.	CHEVAL CREEK	1912	TE	16,9	H2	1914	10-25	ONU	IE	NN	GC
USA	AMERICA N.	JACKSON'S BLUFF	1930	TE	9	H1	1957	25-50	EF	SFBD	BM	GC
USA	AMERICA N.	RUISSEAU JENNING N° 16	1960	TE	17	H2	1964	0-1	EF	IEFO	BD	GC
USA	AMERICA N.	RUISSEAU JENNING N° 3	1962	TE	21	H2	1963	0-1	NC	IEFO	BD	GC
USA	AMERICA N.	JULESBURG (B)	1905	TE	18	H2	1910	25-50	NC	IEFO	BD	GC
USA	AMERICA N.	KA LOKO	1890	TE/ER	15	H2	2006	vide	F	OT	BM	IA
USA	AMERICA N.	KELLY BARNES	1899	TE	13	H1	1977	0-1	UF	SFBD	BD	GC
USA	AMERICA N.	KETNER	1911	TE	13,7	H1	1912	vide	F	OT	NN	ONU
USA	AMERICA N.	LAKE BARCROFT DAM	1913	PG TE	22,5	H2	1972	1-5	F	OT	BD	ONU
USA	AMERICA N.	LAC DELTON	1926	ER	9	H1	2008	1-5	EF	OT	NN	-
USA	AMERICA N.	LAC FRANCIS I	1899	TE	15	H2	1899	0-1	NC	IEDB	NN	ONU
USA	AMERICA N.	LAC HEMET	1893	TE	45	H3	1927	10-25	UF	OT	BD	-
USA	AMERICA N.	LAC LITCHFIELD	1975	TE (H)	19	H2	1975	500-1000	NC	SFBD	BC	GC
USA	AMERICA N.	LAC TOXAWAY	1902	TE	18,9	H2	1916	10-25	NC	IEDB	BD	GC
USA	AMERICA N.	LAC VERA	1880	ER	15	H2	1905	vide	ONU	OT	NN	ONU
USA	AMERICA N.	LAC WAXAMACHIE	1956	TE		H1	1968	vide	ONU	SFBD	BD	GC
USA	AMERICA N.	LAUREL RUN	1919	TE	13	H1	1977	0-1	EF	OT	BD	II
USA	AMERICA N.	PETIT RUISSEAU DU CERF	1962	TE	26	H2	1963	1-5	NC	IEDB	BD	GC
USA	AMERICA N.	PETIT CHAMP	1929	ER	37	H3	1929	vide	NC	SFBD	BD	GC
USA	AMERICA N.	LONG TOM	1906	TE	18	H2	1916	vide	NC	IESU	BD	GC

Pays	Continent	Nom du barrage	Année de construction	Type de barrage	Hauteur (m)	Plage de hauteur	Année de la rupture	volume réservoir (hm³)	Contexte rupture	Mode de défaillance	causes organisa-tionnelles	Cause technique
USA	AMERICA N.	CHAUSSURES LOOKOUT	1915	TE	25	H2	1916	25-50	UF	OT	BD	=
USA	AMERICA N.	LOWER IDAHO FALLS	1914	ER/PG	15,2	H2	1976	vide	EO	OT	NN	=
USA	AMERICA N.	LOWER OTAY	1901	ER	46,6	H3	1916	50-100	UF	OT	NN	I
USA	AMERICA N.	BARRAGE INFÉRIEUR DE SAN FERNANDO (B)	1921	TE	43	H3	1971	25-50	UQ	SFBD	BD	GC
USA	AMERICA N.	LYMAN (A)	1913	TE	20	H2	1915	25-50	NC	IEFO	BD	GC
USA	AMERICA N.	MAMMOTH	1916	TE	23	H2	1917	10-25	UF	OT	BD	=
USA	AMERICA N.	MANCHESTER		XX (M)	15,2	H2	1902	vide	ONU	IEFO	NN	ONU
USA	AMERICA N.	MASTERSON	1950	TE/ER	18	H2	1951	vide	UF	IEDB	BD	GC
USA	AMERICA N.	MC MAHON GULCH	1924	TE	17	H2	1926	0-1	UF	OT	BD	GC
USA	AMERICA N.	ÉTANG MEADOW	1990	ER	12	H1	1996	vide	UO	IEDB	BD BC	GC
USA	AMERICA N.	MILL CREEK CALIFORNIE	1899	TE	20	H2	1957	0-1	NC	IEDB	BD BM	GC ST
USA	AMERICA N.	RIVIÈRE DU MOULIN	1865	TE	13	H1	1874	vide	NC	IE SFDB	BD	GC
USA	AMERICA N.	MONT PISGAH	1910	TE	23	H2	1928	vide	NC	SFBD	BD BO	GC
USA	AMERICA N.	MOYIE DAM / EILEEN DAM	1923	VA	16	H2	1925	0-1	F	OT	NN	GC
USA	AMERICA N.	LAC NORD	1957	TE	20	H2	1974	0-1	ONU	SF	BD	GC
USA	AMERICA N.	OVERHOLSER	1918	CB/ER	17	H2	1923	10-25	F	OT	BD	I
USA	AMERICA N.	OWEN	1915	TE	17	H2	1914	50-100	ONU	IE	BD	GC
USA	AMERICA N.	PROSPECT		TE	14	H1	1980	5-10	NC	IE	NN	GC

Pays	Continent	Nom du barrage	Année de construction	Type de barrage	Hauteur (m)	Plage de hauteur	Année de la rupture	volume réservoir (hm³)	Contexte rupture	Mode de défaillance	causes organisa-tionnelles	Cause technique
USA	AMERICA N.	DIG DIG DIGUE DE QUAIL CREEK	1985	TE	24	H2	1989	25-50	NC	IE	BD	GC
QUSA	AMERICA N.	RED ROCK DAM (Turkey Creek)	1910	TE (U)	32	H3	1910	10-25	F	OT	NN	=
USA	AMERICA N.	SAINT FRANCIS	1926	PG	62,5	H41	1928	25-50	NC	IEFO SFFO	BD BC	GC
USA	AMERICA N.	SALUDA (LAC MURRAY)	1930	TE	63	H41	1930	>1000	ONU	IE SFBD	BD	GC
USA	AMERICA N.	SCHAEFFER	1911	TE	30	H3	1921	vide	F	SFBD OT	NN	ONU
USA	AMERICA N.	CANYON DE SEPULVEDA	1909	TE (Z)	20	H2	1914	vide	UF	OT	BD	=
USA	AMERICA N.	SHEEP CREEK DAM	1969	TE	18	H2	1970	1-5	UF	IESU	BD	HF
USA	AMERICA N.	LAC ARGENT	1896	TE	9	H1	2003	vide	F	OT	BD	I
USA	AMERICA N.	SINKER CREEK	1919	TE	21	H2	1943	1-5	ONU	IE	BD	GC
USA	AMERICA N.	SNAKE RAVINE	1893	XX	19	H2	1898	vide	ONU	ONU	BC	ONU
USA	AMERICA N.	FOURCHETTE SUD	1852	TE/ER	22	H2	1889	10-25	F	OT	BD BO	=
USA	AMERICA N.	STANLEY	1912	TE	34	H3	1916	50-100	ONU	SF	BD	GC
USA	AMERICA N.	STOCKTON CREEK	1949	TE	29	H2	1950	0-1	ONU	SF IE	BD BC	GC ST
USA	AMERICA N.	RIVIÈRE STONY	1913	CB	16	H2	1914	5-10	NC	IEFO SFFO	BD BC	GC
USA	AMERICA N.	SWEETWATER MAIN	1888	TE	36	H3	1916	25-50	ONU	OT	NN	ONU
USA	AMERICA N.	SWIFT	1914	ER TE	57	H41	1964	25-50	F	OT	BD	=
USA	AMERICA N.	TABLE ROCK COVE	1927	TE	43	H3	1928	25-50	NC	IE	BD	GC
USA	AMERICA N.	TAUM SAUK	1960	TE/ER	25	H2	2005	vide	NC	OT	BO	HF IF IA
USA	AMERICA N.	TERRACE	1912	TE	48	H3	1957	10-25	NC	IE	BD	GC

Pays	Continent	Nom du barrage	Année de construction	Type de barrage	Hauteur (m)	Plage de hauteur	Année de la rupture	volume réservoir (hm³)	Contexte rupture	Mode de défaillance	causes organisa-tionnelles	Cause technique
USA	AMERICA N.	TETON	1976	TE/ER	93	H42	1976	100-500	NC	IE	BD BC	GC
USA	AMERICA N.	TOA VACA	1972	TE/ER	66	H41	1970	50-100	ONU	OT	NN	ONU
USA	AMERICA N.	TORESON	1898	TE	15	H2	1953	1-5	ONU	IE	BO	ONU
USA	AMERICA N.	TUPELO BAYOU	1973	TE	15	H2	1973	1-5	NC	SF IE	BD	GC
USA	AMERICA N.	UTICA	1873	TE	21	H2	1902	vide	ONU	SF	NN	GC
USA	AMERICA N.	RUISSEAU VAUGHN	1926	VA	19	H2	1926	vide	NC	IEFO SF	BD	GC
USA	AMERICA N.	DIGUE NORD DU WACHUSETT	1904	TE	25	H2	1907	100-500	NC	SFBD	NN	GC
USA	AMERICA N.	WAGNER (Ruisseau Wagner)	1918	TE	15	H2	1938	0-1	NC	IESU	NN	ST
USA	AMERICA N.	WALNUT GROVE	1888	ER	33	H3	1890	10-25	UF	OT	NN	ONU
USA	AMERICA N.	WALTER BOULDING DAM	1967	TE	50	H41	1972	vide	NC	SFBD	BM	GC
USA	AMERICA N.	WAVERLY	1880	TE	21	H2	1973	0-1	NC	SFBD	NN	GC
USA	AMERICA N.	RUISSEAU D'EAU BLANCHE SUPÉRIEUR	1949	TE	19	H2	1972	0-1	UF	OT IESU SFBD	BC	GC
USA	AMERICA N.	WISCONSIN DELLS	1909	TE	18	H2	1911	10-25	F	OT	NN	–
USA	AMERICA N.	BOUTON DE BOIS	1956	TE	26	H2	1961	5-10	NC	SFBD	BD	GC
USA	AMERICA N.	COMTÉ DE WYANDOTTE (=Marshall Creek)	1941	TE	28	H2	1937	5-10	NC	SFFO	BD	GC
Venezuela	AMERICA S.	EL GUAPO (FERNANDO)	1980	TE (Z)	60	H41	1999	100-500	UF	OT	BD	SI

Pays	Continent	Nom du barrage	Année de construction	Type de barrage	Hauteur (m)	Plage de hauteur	Année de la rupture	volume réservoir (hm³)	Contexte rupture	Mode de défaillance	causes organisa-tionnelles	Cause technique
Vietnam	ASIA	TRIAS - EL GUAPO) HA DONG	2011	TE	27,5	H2	2014	10-25	UF	OT	NN	I
Vietnam	ASIA	KREL_2	2013	TE (H)	27	H2	2014	vide	UF	OT	BD BC	GC
Yougoslavie	EUROPE	IDBAR	1959	VA	39	H3	1959	1-5	NC	IEFO	BD	GC
Yougoslavie	EUROPE	OVCAR BANJA	1952	TE/PG	27	H2	1965	1-5	EF	OT	BO	II
Zambie	AFRIQUE	MUZUMA	1969	PG	15	H2	1969	vide	F	OT	BD BC	ST

For Product Safety Concerns and Information please contact our EU
representative GPSR@taylorandfrancis.com
Taylor & Francis Verlag GmbH, Kaufingerstraße 24, 80331 München, Germany

www.ingramcontent.com/pod-product-compliance
Lightning Source LLC
Chambersburg PA
CBHW060319220326
41598CB00027B/4368